城市突变

主　编：陈小清（中）
姚尔丹（德）

中国建筑工业出版社

图书在版编目（CIP）数据

城市突变／陈小清（中），姚尔丹（德）主编．—北京：中国建筑工业出版社，2009
ISBN 978-7-112-10815-2

Ⅰ．城...　Ⅱ．①陈...②姚...　Ⅲ．①城市规划－建筑设计－柏林②城市规划－建筑设计－广州市　Ⅳ．TU984.516　TU984.265.1

中国版本图书馆CIP数据核字（2009）第034988号

总 顾 问：赵　健
责任编辑：唐　旭
责任设计：崔兰萍
责任校对：李志立　王雪竹

城市突变

主　编：陈小清（中）
　　　　姚尔丹（德）
*
中国建筑工业出版社出版、发行（北京西郊百万庄）
各地新华书店、建筑书店经销
北京画中画印刷有限公司印刷
*
开本：880×1230毫米　1/32　印张：6¾　插页：23　字数：240千字
2009年9月第一版　2009年9月第一次印刷
定价：59.00元（含光盘）
ISBN 978-7-112-10815-2
(18064)

2006-2007年广州美术学院与柏林白湖艺术设计学院合作课题
Ein Gemeinschaftsprojekt der GAFA (Guangzhou Academy of Fine Arts), Guangzhou, China und der Kunsthochschule Weißensee, Berlin, Deutschland
2006-2007

柏林课题指导	Projektbetreuung Berlin:	Prof. Alex Jordan Prof. Matthias Gubig Prof. Chen Xiaoqing
课题策划	Lehrbeauftragter und Projektkoordinator:	Xin Zhang
广州课题指导	Projektbetreuung Guangzhou:	Prof. Chen Xiaoqing Prof. Alex Jordan Xin Zhang Tan Liang
书籍设计	Buchgestaltung:	Julius Burchard Lena Roob Marius Wenker
DVD设计	Gestaltung DVD:	Daniel Berwanger
特别感谢	Besonderen Dank an	Heike Overberg, Leiterin Fotostudio weißensee 柏林白湖艺术设计学院摄影工作室主任 Jürgen Neugebauer

Fachgebiet „visuelle Kommunikation" der Kunsthochschule Berlin – Weißensee" in Zusammenarbeit mit dem „Digital Art Department", Guangzhou Academy of Fine Arts

Ein Semesterprojekt im Haupt- und Ergänzungsstudium im Studienjahr 2006/07.

Eine Aufforderung, die Phänomene der sozialen, politischen und kulturellen Veränderungen in den beiden Großstädten vor Ort aufzuspüren und poetisch - intuitiv umzusetzen.

Projektbetreuung:
FG visuelle Kommunikation KHB
Prof. Alex Jordan,
Prof. Matthias Gubig
Xin Zhang (Projektkoordinator, Lehrbeauftragter)

Digital Art Department, GAFA
Frau Prof. Professor Chen Xiaoqing,
Tan Liang

课题形式：
由柏林白湖艺术设计学院的视觉传达专业与广州美术学院设计学院数码艺术设计系合作

课题指导：
– 柏林白湖艺术设计学院视觉传达专业
亚历克斯.姚尔丹教授，
马赛厄斯.古毕夕教授，
张新 (课题策划人,讲师)

– 广州美术学院设计学院数码艺术设计系
陈小清教授，
谭亮（讲师）

课题时间：
2006年至2007年学年的学期课题

课题要求：
以这两座城市中社会，政治与文化等方面变化的现象进行直观感性的创作首先，我想向两位朋友般的同事（中德合作课程的双方主持人）表示致意：首先是陈小清教授，这是一位不知疲倦、生性乐观、求新求变且永远年轻的好老师。她的专业跨界颇宽，从最“地域”的陶瓷，到最“基础”的构成；从最“技术”的动漫，到需“手工”的综合艺术。其中的任何一行她都曾摸爬滚打，既乐于教亦勤于学。不经意间她似乎比同路者更多更迅速地胜任工作且愉快，进而举重若轻。就在我写这些文字的同时，她带领的团队又“玩儿似的”成功赢得第16届亚洲运动会“吉祥物”的设计，由此创造了广州美术学院“国际重大节事形象设计”的第一次成功，广州美院乃至广东都为陈小清及其团队而高兴。其实这些年间，她带领的团队已在前述的跨界设计中，在国际国内及行业的比拼中，一路开花结果……

作为她的同事，我深知她的团队行进得不易，小清教授以她的开朗和韧性，一路笑对困难；以她的坦荡和虚心，一路笑对得失；作为广美设计学科的带头人，我深知小清教授这10余年所实践的一切，实质上多属广美设计学科的空白和新方向，她为学科一直在默默地“吃螃蟹”，亦因此，我尽己所能支持她攻城掠池，尽管她时常因条件所限而未尽如人意……

这次，携“城市突变”课题，她与她的同事又在跨界了，这次跨得够宽，课题因循的“概念指引”为“社会、政治、文化现象，直观感性”，课题因循“介质数量”亦（在广美）“史无前例”：图像、多媒体、平面、书籍、动画、装置……另外，学生的沟通语言为第三国语言，实际情况是师生们（对英文）都不太熟练（纯属“动漫级”）……我们一路关注着此次课题的过程和最终的完成。此次“城市突变”，是广美新媒介艺术类教学向“城市形态”跨界的“有益的开端”。

德国教授姚尔丹先生，怎么看怎么像给广州带来“三只橄榄球（广州体育馆）”和给北京带去“一个水煮蛋（国家大剧院）”的安德鲁先生。当然，姚尔丹教授显得气色更好，红润健康，用中国的描述方式来说，他更像一位“事业有成的文艺作者”。姚尔丹教授还酷似这些年中国“校园内外齐开花”且“神龙见首不见尾”的那类“高人”。他担当“城市突变”课题的德方主持人，我认为亦属“跨界”，当然对姚尔丹教授所在的学校来说，其不少专业本来就边界模糊。

课题伊始，我就期望姚尔丹教授的机智和兼顾能力，可给本次课题带来“非常规”的一些因子，我相信，广州何谓“突变”，这对德方师生来说，因无从比照最终会大部分转义为广州“印象”，但由于“印象”将借异国异地及异文化的巨大差别来呈现，故能保证（印象的）足够“鲜明”。除此以外，由于近20年来柏林市堪称西欧最大的建筑工地，且这“工地”形成及持续时期与广州的“突变”时段基本同步，故“问题”、“做法”以及“社会影响”等可能有些许相近，这样一来，德国师生面对广州还是能获得关于“突变”（如课题需求）的“直观感受”。至于表现（创作）的介质，我是这样预计的：形态、书籍、装置、平面等对德国学生来说，应该有一定的优势，因早在20世纪60年代，西方当代艺术就已将这些介质明确为“份内手段”（这值得我国美术界深思），尤其是以非绘画手段处理“观念与印象”。上述介质因其“非形式描述”和“准参与及观念叙事性”，故能与这次“课题”得以较自然地对接。另外，多媒体及动画等介质的发展水平，在技术平台层面中德双方不会有太大的差异，即使有，也估计表现为德方以观念主导技术，客观反映为技术“节约”；中方则有可能夸张技术，形式或许会重于内容……但无论怎么说，中德师生的“作为”叠加，课题的结果应该不错。

张新老师由于担当课题的策划、联络以及翻译工作，故他于此次“课题”来说非常重要，事实上他自始自终表现出色。张新的大学本科是在广州美术学院环境艺术设计系度过的，我至今记得他当年的形象：一口（在广东）少有的标准普通话，语气从来真挚体贴，且眼神礼貌而自律。他的毕业创作不仅优秀，而且堪称（那时难能可贵的）解决广州“城市病”的“大思考”。他当时的毕业创作若收录进此次“城市突变”课题集，我认为亦会是贴切的。

谭亮老师在此次课题中显然着重与中方学生进行较具体的联系，由于课题的“阶段”要跨越国界，这对作业制作的畅顺以及各作业间的有机联系（整体面貌）会造成一定的“梗阻”。另，如前所述，表现介质的多样性既可给课题带来好的预期，亦随之而生“辅导”的困难。客观地说，本次作业整体来看，最突出的问题亦在于“深度”的参差较大，不同介质与不同观察角度的混合成果间本来就缺乏可比性，加之表达的目标和能力等差异，因此，类似的课题今后若再进行，有必要作更贴切的计划，例如：“扫描”的各“片断”可否先期进行切分，表现介质可否先期作大致的搭配等等。当然，此次课题的最后结果表明，课题策划和师生互动是有效的。

中国室内装饰学会副会长
广州美术学院　副院长
赵　健
2008年 5月6日

Zuerst werde Ich zwei Freunden danksagen.

Frau Prof. Chen Xiao Qing, die anfing in den Grundlagen der GAFA Keramik zu lehren, dann im Bereich und die jetzt den Fachbereich der neuen Medien leitet. Frau Chen hat immer wieder etwas neues an der GAFA initiiert.

Sie arbeitet eng mit ihren Kollegen zusammen, und gibt der Akademie ständig neue Impulse.

Für die 16.Asia Game in China hat sie 16 Maskott-chen gestaltet. Es ist das erste Mal, dass die GAFA dies für eine so große internationale Veranstaltung macht.

Wir freuen uns, dass Frau Chen seit so vielen Jahren in verschiedenen Disziplinen so erfolgreich agiert. Als eine Kollege von ihr, verstehe ich die Anstrengungen Frau Chens sehr gut.

Sie haben sich ausgezahlt .

In den letzten zehn Jahren hat Frau Chen sehr viel in der Praxis experimentiert, diese Erfahrung bereichern nicht nur die Ausbildung im Designdepartment sondern kommen der ganzen Hochschule zugute. Deshalb unterstütze ich viele ihrer Initiativen.

Diesmal haben Frau Chen und ihr Team mit dem Projekt «Mutant Cities» die GAFA um eine Dimension bereichert. Sie haben neben sozial kulturellen auch politische Phänomene aufgegriffen.

Diese Studien sind freiwillig und gehen über die normale Ausbildung an der GAFA hinaus. Es ist mit seiner Vielfalt an verschiedenen Medien wie Animation, Buch, Fotografie, Plakat, Zeichnung in gewisser Hinsicht ein Pionierprojekt.

Es wurde trotz der Kommunikationsschwierig keiten zwischen den chinesischen und deutschen Studenten durchgeführt.

(Für die chinesischen Studenten ist Englisch eine Fremdsprache, die sie noch nicht so gut beherrschen.)

Durch dieses Projekt wird gezeigt, dass die GAFA und das Studium der Neuen Medien um ein interdis-ziplinäres Studium erweitert werden können.

Und natürlich muss ich mich bei dem deutschen Professor Alex Jordan bedanken. Alex Jordan strahlt Energie und kreative Kraft aus.

Interdisziplinäre Arbeit ist für Alex Jordan und und die Kunsthochschule Berlin-Weißensee natürlich. Ich habe mir mit dem Projekt erhofft, dass Prof. Alex Jordan mit seinem Wissen und Erfahrung, Kreativität bei Studenten frei setzen wird.

Ich glaube, dass der Begriff Mutant Cities treffend ausdrückt, was in Guangzhou passiert. Vor allem verdeutlicht dieser die Aktualität der Problematik der kulturellen Unterschiede, den man in den globalisierten Städten beobachten kann. Die letzten zehn Jahre der Baustelle Berlin weisen Ähnlichkeiten zu der Situation in Guangzhou auf, ihre Fragen und soziale Probleme ähneln sich. Zudem haben der deutsche Professor und die deutschen Studenten einen ungetrübten Blick, um die Veränderungen in Guangzhou einzufangen. Vorort entwickelt sich ein direktes Gefühl für die Situationen.

Berlin mit seiner jüngeren Geschichte, der des Mauerfalls, der Wiedervereinignung und der Öffnung des Ostens, hat Parallelen, die wir nachvollziehen können.

Anfang der sechziger Jahre wurde in Europa viel experimentiert mit neuen Formen in der Kunst, mit Figuren, Installationen, Konzeptkunst und

Büchern. Die deutschen Studenten sind mit dieser Entwicklung sehr vertraut.

Sie fokussieren sich auf das Konzept und arbeiten mit der Technik, die sie brauchen. Auf chinesischer Seite ist man mehr der Technik und Details der Formsprache zugewandt. Der konzeptuelle Ansatz der Deutschen ist ein Punkt über den es sich lohnt nachzudenken und Fragen zum eigenen Lehrkonzept zu stellen. Dieser Workshop war sicher eine große Bereicherung auf deutscher wie auch auf chinesischer Seite.

Und natürlich möchte ich mich auch beim Dozenten Xin Zhang als Kurator dieses Projekts bedanken. Er ist eine sehr wichtige Figur für dieses Projekt. Denn er hat früher an der GAFA studiert und kennt somit die Ausbildung hier. Da er die deutsche wie auch die chinesische Position versteht, war er sehr wichtig für dieses Projekt und die gute Verbindung beider Gruppen.

Zuletzt möchte ich dem Dozenten Tan Liang, dem deutschen Kollegen Professor Jordans, Herrn Professor Matthias Gubig und allen anderen am Projekt beteiligten für ihre Mitwirkung danken.

Prof. Zhao Jian
Vice President
The Tutor of Postgraduates of Architecture and Environmental Art Design,GAFA
6. Mai 2008

目录

姚尔丹教授对广州和柏林作了与课题要求（直观感性）相配合的文字叙述，我亦同样“直观感性”地以下述文字，呼应姚尔丹教授：

关于广州的“突变”，概括起来可谓20世纪80年代至90年代“拆”得太猛，90年代至现在“建”得太快。其中，“拆掉”的，可谓关于广州的记忆，而“建成”的，有不少则既可“属广州”，也可“放之四海而皆准”，故，广州就“突变”了。

如果简略地将“未拆前的广州”用一纵一横两条垂直相交的轴线加以展开，我们就能联想起越秀山、中山纪念堂、人民公园，以及中山路、珠江等，于是自然就牵出了由它们派生的广州记忆，牵出了广州记忆中的人、屋、街、区等。“广州人”曾几世同堂，他们简朴乐观，勤劳务实；他们须以最小的代价去与人对话，与社会交换，与环境相处，于是，各种限定与可能性客观地规定了广州人与广州生活间相互关系的尺度及形态，并由此造就了似乎“自然生长”的“广州的屋”；同样，因各种限定与可能性，广州人又务实且简朴地确立了与社会交往（包括街坊、商贸、消费等）相关的屋与屋之间的关系，那是用穿木板拖鞋的双脚并依赖人的体能可轻易丈量的距离，那是可有效消解骄阳豪雨的营造，是顾盼自如，进可为伍，退可为邻，既能解生活之燃眉，亦能自成一统收放得宜的“广州的街”；渐进的广州成长于化腐朽为神奇——自落魄或失意文人宦官那里吸取中原之精华，排南岭瘴气雾霾以接纳紫外线的晶亮与多彩，于是，街巷自然实用秀美，既无多余也不局促；由南向北但不生硬地直指云山，鱼贯东西更加顺应珠水，如此这般的广州“骨骼”，于是就形成了“非棋盘格”的街角巷尾，就有了逾2000年而未改变的中心区域（这是中国城建史上的罕见之例）；于是就有了由“广州的街”自然累积的“广州的城”。“只做不说”的广州人，其务实的作派亦透射着独有的内秀——屋、街、城的相互架构中，不仅如前所述是与环境磨合的必然，同时亦是广州式的伦理情感之交响与变奏——麻石条铺砌的路面成就城市的浑厚底气，素雅的青砖与玲珑的窗格，则伸展着城市的婀娜与灵巧……至此为止的描述，应强调是“曾经的广州”，她曾经繁盛过，也因岁月而凋零或遍体鳞伤……后人对她虽有感情但却无耐心为她“疗伤”，而只是以“不破不立”的逻辑，力求经“迅速建设”使她“焕然一新”。于是，前述的旧广州就只能被“突变”了。

我们亦可简略地审视“已建”广州的

"一个环"：出于毋庸置疑的美好愿望与实用需求，"新"广州携手"旧"城，以离地数十米，周长40余里的"高架路"绕城，可谓"扶老携幼、左顾右盼"。然而，旧城虽"拆"，但其内的格局容量及系统根本"虚不受补"，经不起新时代的吞吐折腾；相反，为兼顾"旧城"而回旋伸展的这个"大环"，对新城来说则显"鸡肠小肚"，完全对付不了这厢的巨大胃口——广州内环路已显现"左右不是人"之尴尬。更有甚者，它像盘踞在广州人头顶上的庞然大物，它上万条无法遮蔽的"腿"密密麻麻对新老广州的"踩踏"，更是广州人挥之不去之痒……

建得太快——因为要快，于是"内环路"只能被视为独立的项目，建设者们只能尽全力研究并处理它"本身"而不再由它"兼顾"广州的新与旧，相反广州新旧两城不得不以全然不同的基础，不同的功用，不同的格局开始，以"适应"内环路的"需要"——这是令人啼笑皆非的本末倒置。

我们亦可简略地描述同属"新广州"的"一条江（珠江）"。观者其实很易辨别沿江岸线的"新"与"旧"：如果某段岸线是公共区域，其中有公共交通、公共绿化以及公共休闲等，那么，这段岸线极可能是"旧"的（尽管这些公共功能或许不尽健全）；相反，如果某段岸线基本看不见公共交通，即使有绿化及服务等功能那也仅为"分众区域"（例如属某一单位或某一小区，而一般不属全体市民）的话，那么这段岸线则可能是"新"的——"一线江景"的非常磁力，不当地激发着土地拥有者某方面的智能，于是，江景无限制地被垂直并重叠复制，房子越建越高，本应"属于人民"的江面被挤压得如同市内河涌，其边缘绝少绿色勾勒，更少土地包裹。扭曲的江水一路承载着残渣余孽污泥浊水，在高楼的"缝隙"中艰难穿行。江与城昔日唇齿相依，而今却不堪重负。

建得太快——因为必须快，"一线江景"的价值就自然被急速锁定为"钞票增收器"。为此"一条江"的价值客观被拆解分割，而再无可能成为可持续之整体，再难显现属于全广州乃至更广泛区域的综合价值，它似乎被迫休止。

发展中的中国需要更科学发展的广州，广州发展的"短板"在一定程度上反映为意识（而非技术）层面的滞后，我们诚恳且建设性地关注着有关原因：

——广州尚缺城市经营谋略，而习惯于"赶、超、争、做……"，习惯于说"我们也……"等看似"上进"实则不省自身的行事惯性；

——广州背负其实大可不必的“岭南”包袱，但又似乎未理清可为今用的“岭南线索”；

——广州尚缺自我身份的确立。于是，面对更南面的港深地区，自惭不如；北望中原文化，自认“化外”并觉遥还可及；刻舟求剑，身背“改革先行者”的包袱，因而表象自尊，动作30年一贯制；深处自卑，动作僵硬难以越雷池一步；身后新起“二线”城市眼花缭乱的动作，亦令广州应接无暇，气喘吁吁……

广州得“变”，但广州更需“精细化”；广州得“新”，但广州更需小题大做之“新”，更需“化腐朽为神奇”之“新”，更需“精耕细作”之“新”，更需“非物质化”之“新”。

在关注“拆得太快，建得太快”这显而易见的“城市突变（之一隅）”的同时，我们亦很理解这并非独立之“广州现象”，而是快速发展形势下暂难克服的现象。改革开放的前30年已过，今后的30年，广州乃至中国，面对不堪重负的自然，面对稀缺的资源，确应重建科学和理性。

当然，从积极的一面来看，“突变”的城市“片断”亦令我们欢欣鼓舞：例如琶洲会展区域，堪称广州城“突变”的杰作，它既有效延续着迄今已百余届的中国第一外贸品牌，而且在未“伤及”广州的前提下，带动了周边“一小时交通区域”。它携手旧广州的文化与经济样式，扩展了新广州的新经济概念和新城域系统；又如新白云机场区域亦是新旧对接的“突变”佳作。它借助旧机场经30余年努力所造就的“国内三大枢纽空港”之一的地位，通过异地建设即时在硬件与系统上作了与“前瞻的枢纽功能”相符合的提升。与此同时，由于其牵动与辐射作用，整个空港经济区的实效已迅速显现……这是对应21世纪中国南方地区乃至东南亚之需的有价值之“突变”，是基于原有文脉和基础并“新旧”相呼应的，我们由衷为这类“突变”击掌叫好。

关于柏林：

1989年的“突变”，使柏林历久弥新，一跃而成为欧洲城市群中的焦点。“柏林突变”令世人关切，由此牵动与引发的内容确实太多。

——波茨坦地区一夜之间除尽冷战与政治的铅华，成为建筑科技与信息时尚的竞技场。或许是因为柏林虽根深叶茂但却沉寂太久，或许是因为曾因一墙之隔造就了太多的神秘，因此，人们对13年来的柏林突变寄予太高的期待。亦因此，柏林自感困惑和重负；
——SONY中心名气很大，其间不少细节似乎都有根有据无可挑剔。但整体地看，却很难找出它是“被完美嵌入波茨坦地区”的令人信服的理由；
——占据波茨坦地区不少街口的那些超级公司的显赫建筑，其庞大的尺度以及非常规截面形态的选择原因亦令人费解；
——我被“柏林墙”的“片断”牵动着视线与注意力，我不由自主地循着它的形色与姿态，在人行道、行车道、路肩以及绿篱中，努力寻找它延续的信息……果然有，且一直延续着……我由衷敬仰由这些片断折射出的柏林的苦难、毅力以及风范；
——波茨坦商业中心区的“大草坪”一直感动着我，从其平静的逐渐向相反方向倾斜的绿地中，我读到了自己由衷钦佩的德国设计。我乐于不断地向中国学生以及设计业界介绍这一设计。
近十余年来，柏林确实亦在“突变”，参与本次课题的中方师生对“柏林突变”的认知和表现，亦是他们的初次尝试，他们都尽力且认真。
确实，城市除需“建设”外，更需“生长”，而生长的最基本条件之一，则是“时间”。
为本课题成果的结集出版，我首先想到了中国建筑工业出版社。除建工社在国内的专业地位令我们敬仰外，还因那里有令我敬重的张总编，还有我的好友李东禧主任和唐旭编辑，他们的积极回应和专业水准是这次课题成果能顺利成书的保证。
愿“城市突变”成为课题参与者与读者间有益的话题，愿这一话题在大家的关注下，持续宽泛的内涵和模糊的边界。

中国室内装饰学会副会长
广州美术学院　副院长
赵　健
2008年 5月6日

1980-90 begann in Guangzhou ein regelrechter, ziemlich chaotischer Bauboom, bei dem eine Unmasse von architekonischer Dutzendware, wie man sie überall auf der Welt finden kann, ohne Rücksicht auf die historische Substanz des Stadtkerns dessen Struktur sich seit über zweitausend Jahren nicht geändert hatte, hochgezogen wurde.

Das alte Guangzhou war der Schnittpunkt zweier Verkehrsachsen, die sich in der Stadt gekreuzt haben.

Der Berg Yuexiu und der Pearl River, der die Stadt durchfließt und danach mit seinem Delta ins Meer mündet, sind zwei andere wichtige, früher wie heute das Stadtbild bestimmende Elemente.

Die Millionen Menschen, die in dieser Großstadt seit jeher auf engstem Raum zusammenleben, haben eine besondere Gesellschaftsstruktur und originale Kommunikationformen entwik-kelt, die den Mangel an Platz mit einer Kultur der gegenseitige Rücksichtsnahme ausgleichen.

In einer kantonesischen Straße geht es sehr bunt und lebendig zu, alles bewegt sich, ist lebendig und intensiv. Die Distanz zur geografischen Mitte Chinas ist spürbar.

Trotzdem kommt Traurigkeit auf :

Das Verständnis für die Geschichte und die Notwendigkeit des Erhalts einer über Jahrhunderte gewachsenen Stadtkultur nimmt ab. Der « Fortschritt » hat Vorrang, er diktiert das « Notwendige ». (Die Autos nehmen überhand, eine Stadtautobahn, eine Ringstraße muß gebaut werden). So wird ein Schneise durch die alten Viertel geschlagen. Dann stellt sich heraus, daß dieser Ring zu eng geplant war... Ein Teufelskreis !

Die Veränderungen des Stadtbilds von Guangzhou sieht man am besten, wenn man mal eine Bootstour auf dem Pearl.River macht oder einfach zufuß an seinem Ufer entlang spazierengeht :

Wohntürme, Businesstowers, Hotels spiegeln sich im schmutzigen Wasser, Riesenplakate von Immobiliengesellschaften locken mit Appartementsangeboten « mit Blick auf... » die dreckige Brühe.

Es geht nur noch darum, Geld zu machen, der Stadt ökono-mischen Profit zuzuschaufeln. Ein Ende dieses Prozesses ist nicht in Sicht.

Wir bräuchten dringend einen langfristigen und behutsamen Stadtentwicklungsplan, der der aktuellen Sucht nach der MegaCity das Ende bereiten könnte.

Vor 30 Jahren wurde in Guangzhou die wirtschaftliche Öffnung experimentiert. Dies war ein Vorbild für ganz China. Heute gibt es eine wahre Frenesie der Konkurrenz der chinesischen Städte untereinander, die ständig die neueste Errungenschaft für sich beanspruchen. Aber ist es nicht absurd -vor allem bei diesem Tempo- ständig etwas neues erfinden zu wollen ?

Ich bin der Meinung Guangzhou sollte man verändern, aber mit einem weitsichtigen und detaillierten Konzept. Guangzhou muß sich erneuern, aber man braucht das Neue aufgebaut auf das Alte.

Außerdem werden wir mit neuen Problemen konfrontiert, mit der Globalisierung, der Rohstoffverknappungt, der ökologischen und der Energiekrise.

Ich möchte hier keine Schwarzmalerei betreiben : Zu den positiven Entwicklungen unserer mutant city zählt sicher der Ausbau unserer Universitätsstadt. Der Umzug vom alten zum neuen Flughafen von Guangzhou ist eine richtige ökonomisch richtige, zukunftsweisende Entscheidung. Mutant city positif.

Und Berlin ?

Nach der Wende 1989 versucht die deutsche Hauptstadt wieder in eine zentrale Position in Europa zu bekommen. Seit dem Mauerfall hat sich ihr Gesicht sehr verändert. Ein sichtbares Beispiel ist der Potsdamer Platz, der seit Kriegsende leergestanden hatte. Er ist ein wahrer Spielplatz moderner Architektur, high-tech-Kommunikation, Informationstechnik, Mode...

Ein Beispiel ist das Sony-Center, das äußerst geschickt in den Potsdamer Platz eingebettet ist.

Was mich ebenfalls erstaunt hat, war, daß es mitten auf dem Potsdamer Platz eine schöne Grünfläche gibt, das ist deutsches Design, so wie ich es mir vorstelle. Meinen Studenten und Kollegen habe ich viel darüber erzählt.

Ich bin auch auf den Spuren des Verlaufs der Mauer spazierengegangen und es hat mich gefreut dass die Deutschen den Schmerz der Teilung Berlins überwunden haben.

In diesen zehn Jahren hat diese Stadt eine wirkliche Veränderung erfahren. Bei unserem Besuch haben die deutschen Studenten und Lehrer versucht, uns dies mit Besichtigungen vor Ort und in Gesprächen zu vermitteln.

Die chinesischen Studenten haben so versuchen können, ihre eigenen Beobachtungen in Videos umzusetzen. Natürlich brauchten sie nach ihrer Rückkehr noch Zeit, um ihre Arbeiten zuende zu bringen.

Jetzt ist auch das Buch über unser gemeinsames Projekt fertig.

Ich hoffe daß es -sowie Mutant cities eine Brücke zwischen den Teilnehmern und dem Leser schlägt und dazu beiträgt, die öffentliche Diskussion zu bereichern.

Prof. Zhao Jian
Vice President
The Tutor of Postgraduates of Architecture and Environmental Art Design,GAFA
6. Mai 2008

柏林自1989年被作为了重新统一后德国的首都以来，波兹坦广场不再是闲置的宿营地，却成为了城中富豪、新贵、暴发户的一个名利场。政府部门离开了波恩，国会大厦终于又成为了议会。那些自1945年以来没怎么修缮过的东柏林建筑外立面被粉饰一新，而以往的斯大林大街则列为历史保护遗迹，并更名为豪华大道。
在今天，柏林的东面和西面都一样，那些大型工厂都被关闭，而区域性的硅谷Adlershof与那些被公众予以厚望的柏林高校都被视为这座城市的未来希望，当然还有它的旅游业。
在柏林遍布着由“二战”空袭及柏林墙建造所造成的空地。同时也充满了这个国家历史记忆的痕迹：腓特烈二世(普鲁士)，纳粹，犹太人问题的终极解决，冷战，1953年东柏林起义，1968年西柏林的社会主义联盟大会……1989年柏林墙倒塌了。
由此一座人民民主共和国宫将通过城市公共开支支付“恢复历史原貌”，再透过一个由私人机构融资重建一座普鲁士皇家宫殿。在尘埃落定后，西柏林人依然在西柏林，东柏林人还呆在东柏林。

所有变化都是需要时间的。

至于中国呢?
它不断地吸引着众多的大企业，刺激着德国的政客和越来越多的德国企业主。对于他们而言中国就像是一个对国内外冒险家都有利可图的新淘金地。对此，我们拭目以待……

今天所有的现代式却大多发生在那些超级城市之中：北京、上海、深圳、香港、广州……
现在首都北京为奥运进行着积极地建设，深圳，上海，以前还是在社会主义基础上发展市场经济的实验特区，而今无论从城市建设规模，还是经济金融发展规模上，就连昔日英国殖民地香港现在也只能隐没于它们之下。我听闻上海将建起一座巨大的酒店。
啊！对了，还有澳门，曾经是葡萄牙殖民地，今天已回归中国，同时也是一座赌城，一个美国拉斯韦加斯大豪客都应该去的地方，在那儿将会克隆威尼斯，连同宫殿、广场、小船，当然还要有一座巨大无比的赌场。

至于广州吗？这座位于珠江三角洲，与深圳、香港、越南西贡相隔不远的城市。通过网络与电视的画面上看，它无论从城市建设或消费形态上都和中国其他大城市一样：老城区被拆迁，高架桥跨过古老的寺庙，烟尘弥漫中的交通堵塞，以及随处可见的大型户外广告，卡通形象，美国可口可乐，偶尔还有鲜红的宣传横幅……

这些又让那些来自于这城市外的人们应该如何应对呢?

广州美术学院作为一所在广州的国立艺术设计学院。今天有7000多名在校生，同时大部分的本科生就生活学习在一个孕育一年半便拔地而起的新校区中。难道巨大与高速这就是中国唯一的新时代价值吗?

难道变化就不需要时间吗?

亚历克斯·姚尔丹
2008年 5月6日

Seitdem Berlin im Jahr 1989 Hauptstadt des wiedervereinigten Deutschlands geworden ist, ist der Potsdamer Platz nicht mehr ein ungenutzter Platz, sondern ein Vanity Fair von Reichen, Neureichen und Emporkömmlingen geworden. Die Ministerien haben Bonn verlassen und der Reichstag ist entgültig das Bundestag geworden. Die Ostberliner Hausfassaden, die Seit 1945 keine Restaurierung erlebt hatten, sind buntgetünscht, die Ex-Stalinallee steht jetzt unter Denkmalschutz und generiert sich zur Luxusmeile.

Die großen Fabriken wurden geschlossen, im Osten wie im Westen. Die Zukunft strahlt im lokalen Siliconvalley Adlershof und in der erhofften Exzellenz der Berliner Hochschulen. Plus Tourismus. Berlin ist voll von Freiflächen, den Resultaten der Bombennächte des zweiten Weltkriegs und dem Bau der Berliner Mauer, und auch voll von den Geschichtsreminiszenzen der deutschen Nation: Friedrich II(Preußen), die Nazis, Endlösung der Judenfrage, kalter Krieg, der Aufstand in Ostberlin 1953, der Kongreß der sozialistischen Allianz in Westberlin 1968.

1989 ist die Berliner Mauer gefallen. Ein volksdemokratischer" Palast der Republik" wurde auf öffentliche Kosten abgerissen, um durch das von privaten Sponsoren finanzierte Remake eines kaiserlich preußischen Schlosses ersetzt zu werden. Nur: die Westberliner bleiben im Westen, die Ossis im Osten.

Veränderungen brauchen Zeit.

Und China?

Sie zieht eine große Menge von Unternehmen an und weckt die Interessen von deutschen Politikern und Unternehmern. China ist für sie profitabel. Ein neues Eldorado für Glückritter aus dem In- und Ausland. Wir halten die Augen offen und warten ab. Aber die meiste Modernisierung findet in den Superstädten statt: Beijing, Shanghai, Shenzhen, Hongkong und Guangzhou. Und jetzt bereitet sich Beijing für die Olympiade vor. Shenzhen und Shanghai, vor kurzem noch Versuchsballons für marktwirtschaftliche Experimente auf sozialistischem Grund und Boden, haben die ehemalige britische Kolonie Hongkong in Hinsicht auf stadtbaulichem und ökonomischem Umfang in den Schatten gestellt. Shanghai soll einen hochhaushohen Hund als Hotel bekommen.

Aha! Macao, früher einmal eine portugiesische Kolonie, heute VR China, ist dabei, eine Spieler-Stadt, die Las Vegas (USA) die betuchte Kundschaft abziehen soll, einzurichten. Unter anderem wird es dort eine regelrechte Klonung der Lage von Venedig geben. Mit dem Palast und Gondelfahrten, und natürlich einem gigantischen Casino.

Gouangzhou? Diese Stadt liegt im Pearl River Delta. Shenzhen, Hongkong und das nordvietnamesische Hanoi sind nicht weit entfernt. Von den Bildern aus dem Internet und aus dem TV gesehen, ist hier der gleiche stadtbauliche und konsumeristische Stil wie in den anderen chinesischen Großstädten zu beobachten: Die alten Stadtviertel werden umgepflügt, Stadtautobahnen überqueren alte Tempel, Smog, Verkehrstauungen, Megaposters allerorten, Mangas, Ameri-Colas, manchmal noch rote Polit-Spruchbänder.

Wie finden sich Leute aus anderen Orten hier zurecht?

Die staatliche Kunst- und Gestaltungshochschule GAFA in Gouangzhou, an der heute 7000 Studierende eingeschrieben sind, die zum Großenteil auf dem Campus wohnen, wurde in einem anderthalb Jahr aus den Reisfeldern vor der Stadt aus dem Boden gestampft. Sind Größe- und Geschwindigkeitsrekorde die neuen Werte Chinas?

Brauchen Veränderungen keine Zeit?

Alex Jordan
6.Mai 2008

广州市位于中国的南部，地理城区中的居民为3 152 825人，而行政城区居民为9 496 800人（2004年11月1日的统计数据），它作为广东省的省会，同时也是一个重要的外贸与工业城市。

在中国这座城市也被称作“穗”或“羊城”。城市的象征物为五羊。它临近香港，与整个珠江三角洲一起对经济发展有着惊人的影响。每年在广州举办两次（年初和秋季）中国最大的进出口交易会。2005年建造了世界最高的电视塔（610米高）。

Guangzhou oder Kanton Stadt im Süden der Volksrepublik China mit 3,152,825 Einwohnern im geographischen Stadtgebiet und 9,496,800 Einwohnern im administrativen Stadtgebiet (Stand 1. November 2004). Hauptstadt der Provinz Guangdong sowie ein bedeutender Industrie- und Handelsstandort.

In China wird die Stadt auch Suì oder yángchéng (Stadt der Ziegen) genannt. Das Wahrzeichen der Stadt ist eine Statue mit fünf Ziegen. Die Nähe zu Hongkong hat - wie im gesamten Pearl-River-Delta - einen stimulierenden Einfluss auf die wirtschaftliche Entwicklung gehabt. In Guangzhou findet zweimal jährlich - im Frühjahr und im Herbst - Chinas größte Exportmesse statt. 2005 wurde mit dem Bau des höchsten Fernsehturm der Welt (610m) begonnen.

Berlin ist Bundeshauptstadt und Regierungssitz der Bundesrepublik Deutschland. Als Stadtstaat ist Berlin ein eigenständiges Land. Berlin ist mit 3,4 Millionen Einwohnern die bevölkerungsreichste und flächengrößte Stadt Deutschlands und nach Einwohnern die zweitgrößte Stadt der Europäischen Union. Das Stadtwappen zeigt einen Bären.

Berlin wurde während seiner Geschichte mehrfach Hauptstadt deutscher Staaten wie des Königreichs Preußen, des Deutschen Reiches und nach dem 2. Weltkrieg der DDR (nur der Ostteil der Stadt). Seit der Wiedervereinigung im Jahr 1990 ist Berlin gesamtdeutsche Hauptstadt.

Berlin ist ein bedeutendes Zentrum der Politik, Medien, Kultur und Wissenschaft in Europa. Herausragende Institutionen wie die Universitäten, Forschungseinrichtungen, Theater und Museen genießen internationale Anerkennung.

柏林是德国首都，也是勃兰登堡州的首府。作为德国面积与人口最大的城市，在欧盟城市排名中也为第二大人口城市，有居民约340万人。城市的象征物是熊。柏林在它的历史上曾多次成为德国的首都，如：普鲁士王国、德意志帝国以及第二次世界大战后德意志民主共和国（东柏林）。在1990年重新统一后柏林再次成为德国的首都。在欧洲柏林是一个重要的政治、文化、媒体和经济中心，拥有众多的著名的机构，如大学、研究中心、歌剧院、剧院、博物馆，举办各种著名的国际赛事。

1946年作为一所柏林国立大学在东柏林成立，是民主德国的柏林艺术学院，在重新统一后重组。

1946 in Ostberlin gegründet. Berliner Kunsthochschule der DDR.

Nach der Wiedervereinigung neu konstituiert.

绘画，雕塑，产品设计，视觉传达专业，服装设计，面料染织专业，舞美设计，艺术疗法，空间策划

Malerei, Bildhauerei, Produktdesign, visuelle Kommunikation, Modedesign, Textil- und Flächendesign, Bühnen- und Kostümbild,

Kunsttherapie, Masterstudiengang Raumstrategien

入学条件：德国学生高中毕业或具有特殊才能，入学考试：免费

Studienvoraussetzung: Abitur und besondere Begabung, Aufnahmeprüfung: 0 Euro

毕业：（德国）硕士学位

Abschluss: Diplom

正在逐步转变为学士与硕士的学制

Umwandlung zu Bachelor und Masterstudiengängen im Gange

650名学生

650 Studierende

学费（2007年）：每学期 90欧元

Studiengebühren (2007): 90 Euro / Semester

空间策划专业的国际硕士学位：每学期1000欧元

Masterstudiengang Raumstr-ategien: 1000 Euro / Semester

柏林白湖艺术设计学院网址

www.kh-berlin.de

广州美术学院创建于1953年

Die GAFA wurde 1953 gegründet

现在校硕士生300余人，普通本科生约5000人，继续教育学历生1700余人。

über 300 Masterstudenten, über 5000 Bachelorstudenten

教授70多名，副教授130多名，讲师160多名

Um die 70 Professoren, 130 angehende Professoren und 160 Dozenten

每年报考人数34000多人 招生全日制本科生1250人

mehr als 34.000 Bewerber pro Jahr

造型和设计两大学院

2 Abteilungen, bildende Kunst und Design

11个系，22个专业方向

11 Departments mit insgesamt 22 Fachbereichen

昌岗东路和广州大学城两个校区，总占地面积378556平方米

Die Schule verfügt über 2 Standorte, die sich über ein Areal von 378556qm erstrecken

2006 2006

招收硕士（30）

Masterstudenten (30)

学费：18000元（每年）

Studiengebühr: 18000 RMB / Jahr

招收学士(1270人)

Bachelorstudenten (1270)

学费：10000万元（每年）

Studiengebühren: 10000 RMB / Jahr

报考人数：26000人

Bewerber: 26000

考试费：205元

Prüfungsgebühr: 205 RMB

广州美术学院网址

www.gzarts.edu.cn

广州美术学院设计学院首页

www.design-gafa.com

2007年冬季学期 – 城市突变 / 广州
Wintersemester 06/07 Mutant cities / Guangzhou

Berlin: Crashkurs (Chinesisch Sprache, Schrift, Geschichte)
Erarbeitung einer für die Chinesen und Deutschen gemeinsamen, aus Begriffskonfrontationen (Armut / Reichtum, Sozialismus / Kapitalismus, Immigration / Emigration...) bestehenden Arbeitsgrundlage.
Konzeption, Realisierung eines «Berlinpakets» als Appetizer für die chinesischen Studierenden.

Oktober – November 06

10月至11月

前期准备课程（了解中国的语言、文字、历史等）。同时准备一份中国和德国学生对于主题的共同概念性关键词组（贫–富，资本主义–社会主义，外来移民–迁居海外……）以其作为下一阶段课题的基础。

Reise nach Guangzhou, gemeinsa-mer chinesisch - deutscher Work-shop zum Thema. Aufteilung der Begriffskonstellationen unter den studentischen Arbeitsgruppen. Individuelle und kollektive Stadterkun-dung, Konzepterarbeitung, Zwischen-präsentationen, Realisierung der Projektideen.
Vortrag im Auditorium der GAFA: „Vorstellung des Fachgebiets visuelle Kommunikation der Berliner Hochschule", Arbeiten der Pariser Grafikergruppe "Nous Travaillons Ensemble" von Prof. Alex Jordan. Diskussion

02 – 16 Dezember 06

2006年12月2日至16日

德方师生前往广州，进行此次中德合作课程，首先将学生按照关键词组分组，以个人或集体小组的形式对城市进行观察，然后尝试深化概念，期间有中期评讲，最后将概念实施制作。
期间姚尔丹教授在广州美术学院报告厅作了公开讲座：介绍了柏林白湖艺术设计学院视觉传达设计专业和他在法国巴黎工作室“我们一起合作”（Nous Travaillons Ensemble）。

Ausstellungseröffnung "Mutant Cities". Öffentliche Präsentation der (oft vorläufigen) Arbeitsergebnisse (Filme, Plakate, Fotografien, Installationen...) im Kunstmuseum der GAFA.

15 Dezember 06

2006年12月15日

城市突变“Mutant cities”的展览开幕。在广州美术学院美术馆展示课程作品（装置造型数码影像动画、海报、摄影、插图等）。

02.12.06
-
15.12.06

广州

Guangzhou

去广州前的准备 / 对中国以及广州文化的讲座

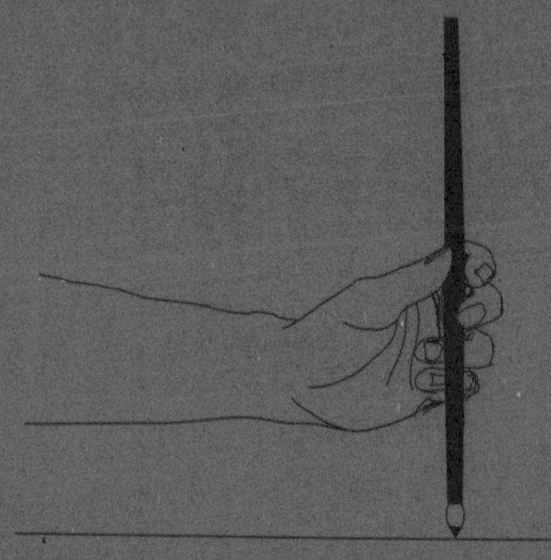

2007年夏季学期 – 城市突变 / 柏林
Sommersemester 07 Mutant cities / Berlin

Individuelle Beschäftigung der deutschen Studierenden mit von ihnen ausgewählten Berliner „Orten". (Die Wohnung, der „Kiez" (Wohngebiet), Orte der geschichtlichen, politischen, städtebaulichen Veränderung, Ideensuche. Konzepte für die Realisierung von Publikationen (Bücher, Zeitungen...)
Projektbetreuuung:
Prof. Matthias Gubig, Alex Jordan

April – Juli 07

2007年夏季学期

地点柏林/“城市突变”第二阶段
4月至6月：每个德国学生，对他们所选的一个柏林人的生活场所，展开这个地区的历史方面，政治方面，城市建设变迁方面的思考与探索。最后以实际的出版物（书籍、报纸等）形式展现。

Reise der chinesischen Studie-renden nach Berlin.
Realisierung von Animationsfilmen im Sinn von «Mutant cities» über sieben von den deutschen Studenten bearbeiteten Berliner Orte.

25. Juni – 6. Juli 07

6月25日至7月6日

中国师生在柏林，根据德国学生提供的七个柏林地点，以“城市突变”为题展开数码艺术作品的创作。

Präsentation der besten chinesi-schen und deutschen Arbeiten aus «Mutant cities» und dem mit ihm verklammerten Projekt «Berliner Orte» an den Tagen der offenen Tür der Kunsthochschule Berlin-Weißensee.
Vortrag von Frau Prof. Chen Xiaoqin im Hörsaal der KHB: Vorstellung der GAFA und der Produktionen des Digital Art Departments. Diskussion

14 – 15. Juli 07

7月14日至15日

在柏林白湖艺术设计学院的开放日中展示中德合作课题“城市突变”最佳作品。
陈小清教授在白湖艺术设计学院进行公开讲座，介绍广州美术学院，以及数码艺术设计系，并且进行校际学术讨论。

Kapitalismus - Soz
资本主义 — 社会主义
东 — 西 粤语 Can
平静
Ost - West Ruhe - Hel
Identitaet - Anon
身份 — 匿名木棉花
Oeffentlich - privat
公共 — 私人 glob
Peripherie - Zentr
郊区 — 市中心 東山少爺
Abri? - Neubau Imm
拆迁 — 重建 Nomaden
arm - reich 廣交會 Ca
贫 — 富 非典 安静 禁摩
Tradition - Moderne 元裡
許地 木子美 Ruhe -

alismus传统—现代

radition - Moderne

onese oben - unten

— 繁忙 上 — 下 alt - jung

tik Enge - Weite

ymitaet年老—年少

全球—地方 窄宽

al - lokal 慢 快

m Langsam - Schnell

来移民—迁居海外

gration - Emigration

um - Sesshaftigkeit

nton Fair 紅棉吉他西關

音 黄埔軍校南國紅豆

本田雅阁哥德堡號

aerm Anonymitaet

Teilnehmerliste - GAFA
工作坊小组名单 - 广州美术学院

Zhou Lijun 周立均	Deng Lupu 邓璐甫	Su Xinzhuo 苏新茁	Mao Guanming 毛冠明	Chen Jiqiang 陈继强
Ruan Yiyang 阮宜扬	Lao Bofeng 劳柏峰	Xiao Rao 肖尧	Lai Xiaofeng 赖小凤	Tang Zhuozhong 唐焯钟
Lin Shushen 林澍深	Zhu Minguang 朱敏光	Huang He 黄河	Li Jingyi 李静宜	Li Xiang 李响
Jiang Jianwu 江建武	Liu Danyun 刘丹云	Fu Xunyan 傅洵彦	Si Wenxu 斯文叙	Lin Guoji 林国基
Xie Fei 谢菲	Zhong Yu 钟彧	Wu Jiang 吴疆	Wu Yuli 吴宇丽	Wu Dejian 吴德键
Xu Yifei 徐怡菲	Dai Weijiang 戴伟江	Zhou Jielian 周洁莲	Chen Shihao 陈仕好	Pang Na 庞娜
Wang Lei 王蕾	Ma mingze 马铭泽	Deng Jiansi 邓键思	Yuan Jingyi 袁静仪	Wang Wei 王威
Guan Xiaoyan 关小燕	Cai Nan 蔡楠	Xie Shufen 谢淑芬	Wu Dehua 伍德铧	Zhang Peng 张朋
Li Wenfeng 李文峰	Li Nan 李楠	Zhou Yun 周韵	Xie Shizhan 谢施展	Gao Guisheng 高贵升
Zhu Dingliang 朱鼎亮	Wang Yuhe 王宇和	Liu Zilin 刘子凌	Xu Huijing 许慧晶	Wang Yingjie 王英杰
Liu Han 刘寒	Luo Dandan 骆丹丹	Liang Xianrong 梁羡荣	Chen Zhenghua 陈政华	Zheng Wanjun 郑万军

TeilnehmerListe - KHB
工作坊小组名单 - 柏林白湖艺术设计学院

Daniel Berwanger
丹尼尔·贝汶葛

Ina Bec ker
依娜·贝克

Till Christ
蒂尔·珂瑞斯特

Anne-Kathrin Schuhmann
安妮·卡葶舒蔓

Maria Schwabe
玛丽亚·斯瓦比亚

Marius Wenker
玛瑞司·汶克

Betreut durch:

课题指导：

Frau Prof. Chen Xiaoqing
陈小清教授

Tan Liang
谭亮讲师

Prof. Alex Jordan
亚历克斯·姚尔丹教授

Xin Zhang
张新讲师

Ausgangspunkt sind die Zuwanderer der Stadt Guangzhou. Aus eigener Perspektive wird dieses soziale Phänomen untersucht.

1. die Situation der Landbevölkerung in der Stadt
2. der lokalpolitische Umgang mit den Zuwanderern
3. die gesellschaftliche Situation aus der Sicht der Landbevölkerung
4. aus der Sicht der Globalisierung

Video «Hin und zurück» und Plakate

Chen Zhenghua, Chen Jiqiang, Tang Zhuozhong, Li Xiang, Lin Guoji

由“外来人口”探究广州的城市变化，希望透过一个独特的视角，表达这个社会现象。

具体探讨的范围：

1.探讨城里外来农村人口的状况特征；
2.城市中地方政府处理和对待外来人口问题的措施以及政策；
3.从外来农村人口的角度，分析他们在城里的社会与生活状态；
4.从全球化的发展趋势来思考流动人口问题。

数码影像《来回》与系列海报

陈政华，陈继强，唐焯钟，李响，林国基

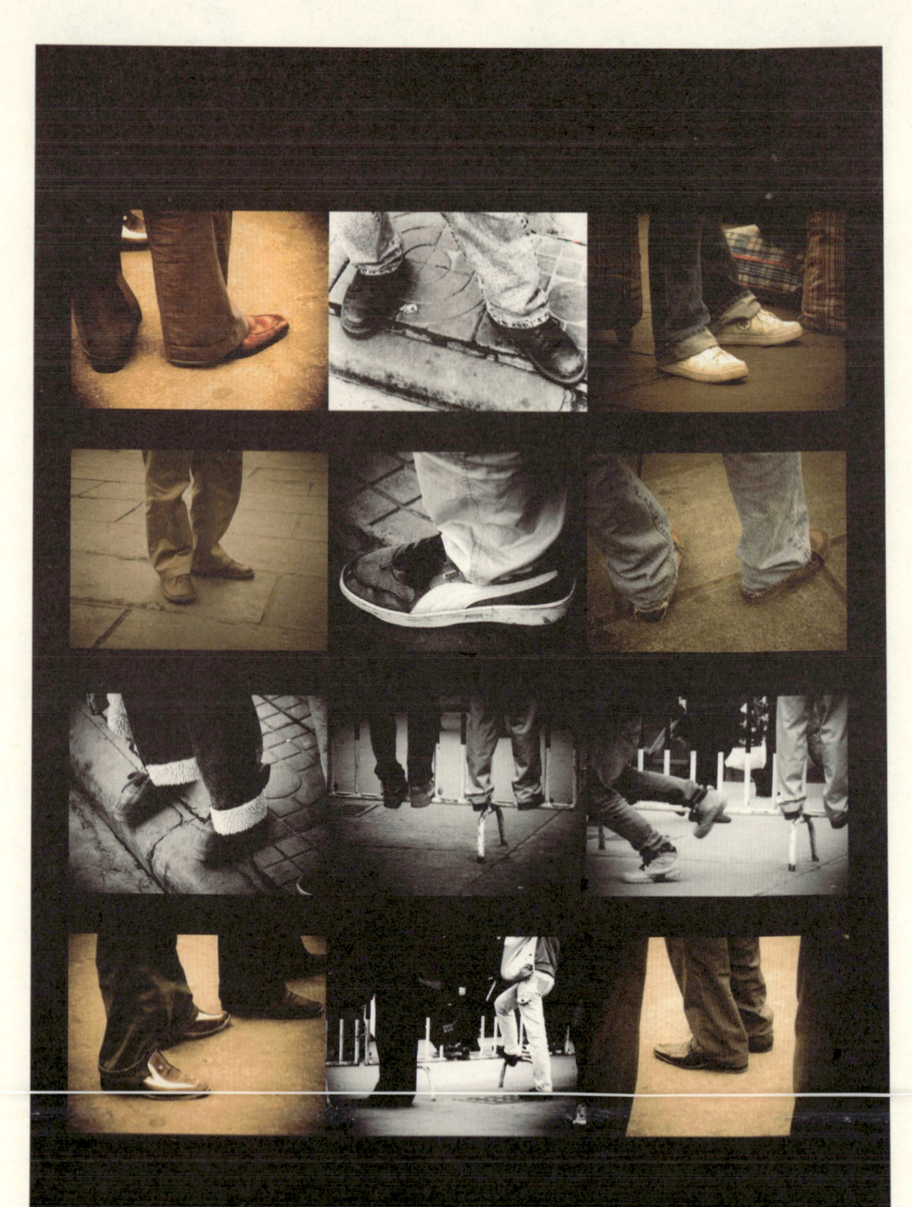

4 & 1

内环路(A线)
东风西路
环市西路 广园西路
省汽车站
广州汽车客运站
站南路
出租车站场
公交车站场
往市内
公交车站
的士车站
民航售票处
严禁强行拉客乘车、住宿和搬运行李
越秀区公安分局示
过街遂道
通往：流花宾馆 电报大楼
人民北路 流花车站
经营：百货 电器 餐饮 文化用品
乘坐出租车
在此通道排队
出租的士
上客站
P
恒阳餐厅
火车站进站方向
往人民北路、站前路、环市路、解放中路的行人请走地中海人行隧道。
严禁强行拉客乘车、住宿和搬运行李
越秀区公安分局示
告示
省汽车客运站
往
广州汽车客运站
往公交车站 的士站
越秀 公安
执勤通道，不准进入。

4 & 1

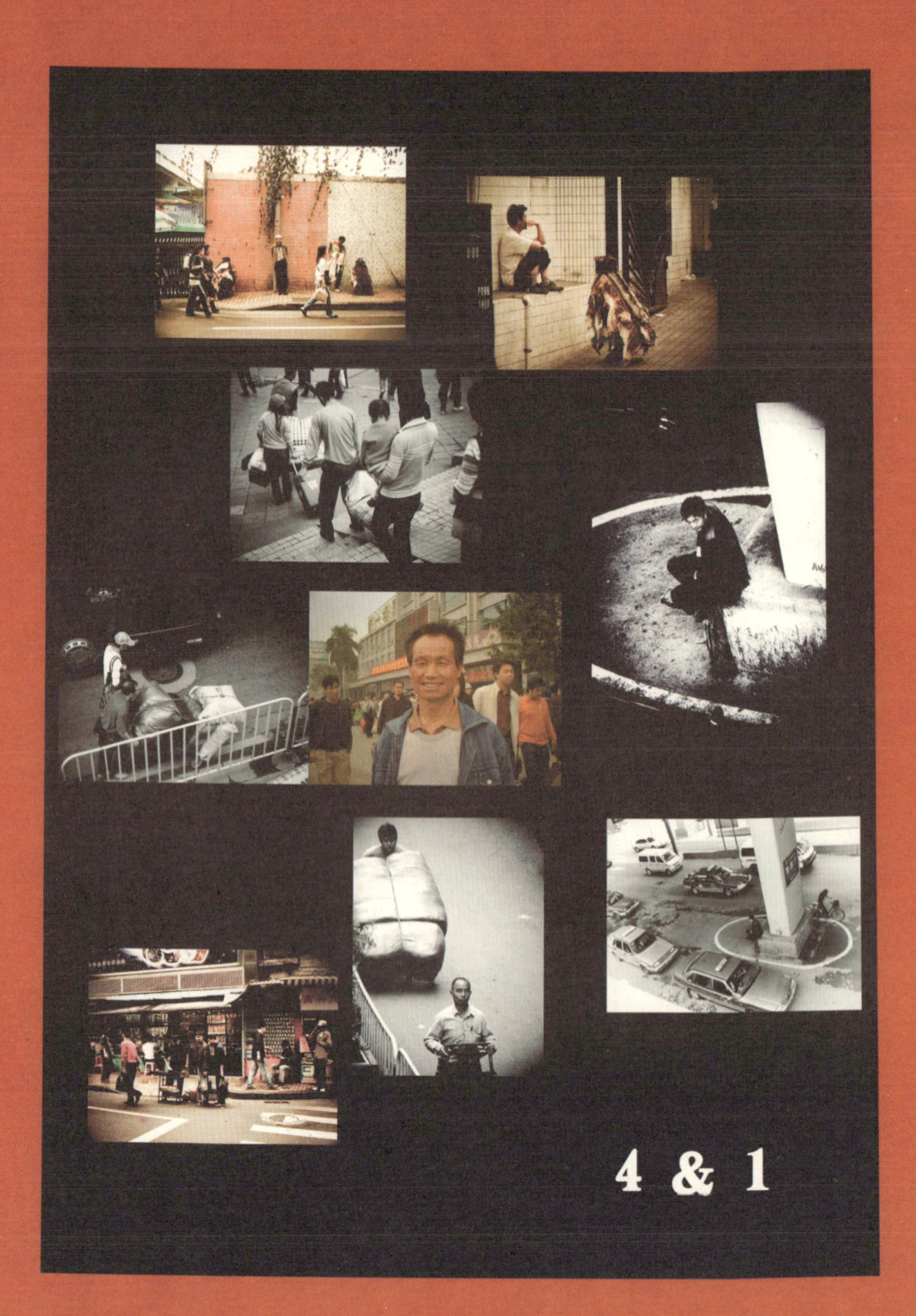

4 & 1

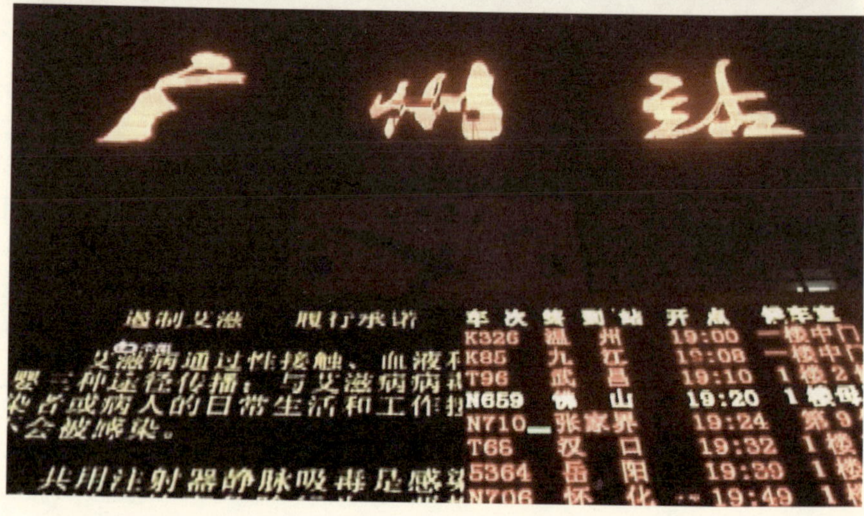

广州站
遏制艾滋　履行承诺
艾滋病通过性接触、血液
三种途径传播；与艾滋病病
染者或病人的日常生活和工作
会被感染。
共用注射器静脉吸毒是感
车次　终到站　开点　候车室
K326　温州　19:00　一楼中门
K85　九江　19:08　一楼中
T96　武昌　19:10　1楼2
N659　佛山　19:20　1楼
N710　张家界　19:24　第9
T66　汉口　19:32　1楼
5364　岳阳　19:39　1楼
N706　怀化　19:49　1

4 & 1

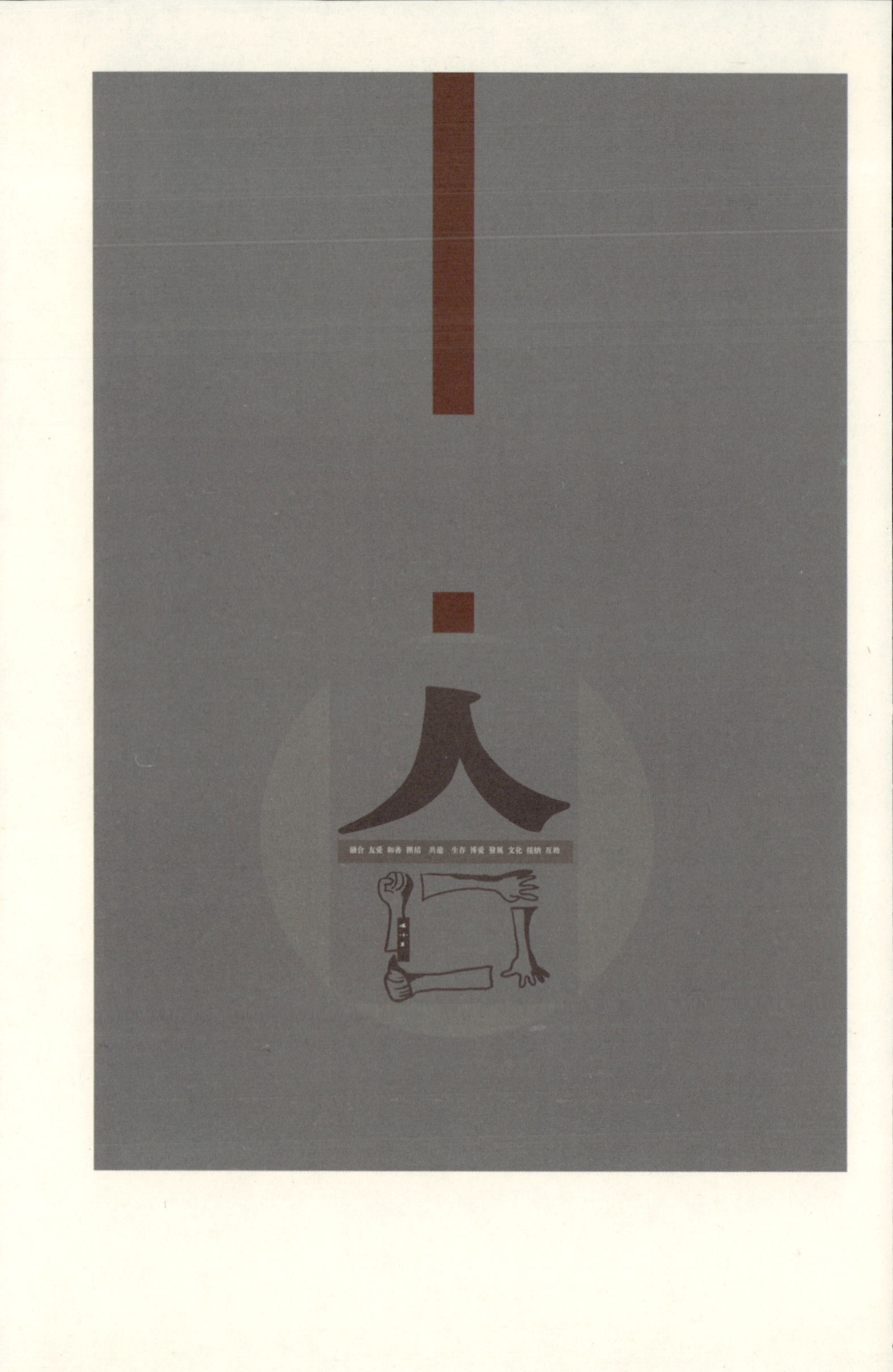

人
融合 友爱 和善 团结 共处 生存 博爱 发展 文化 接纳 互助

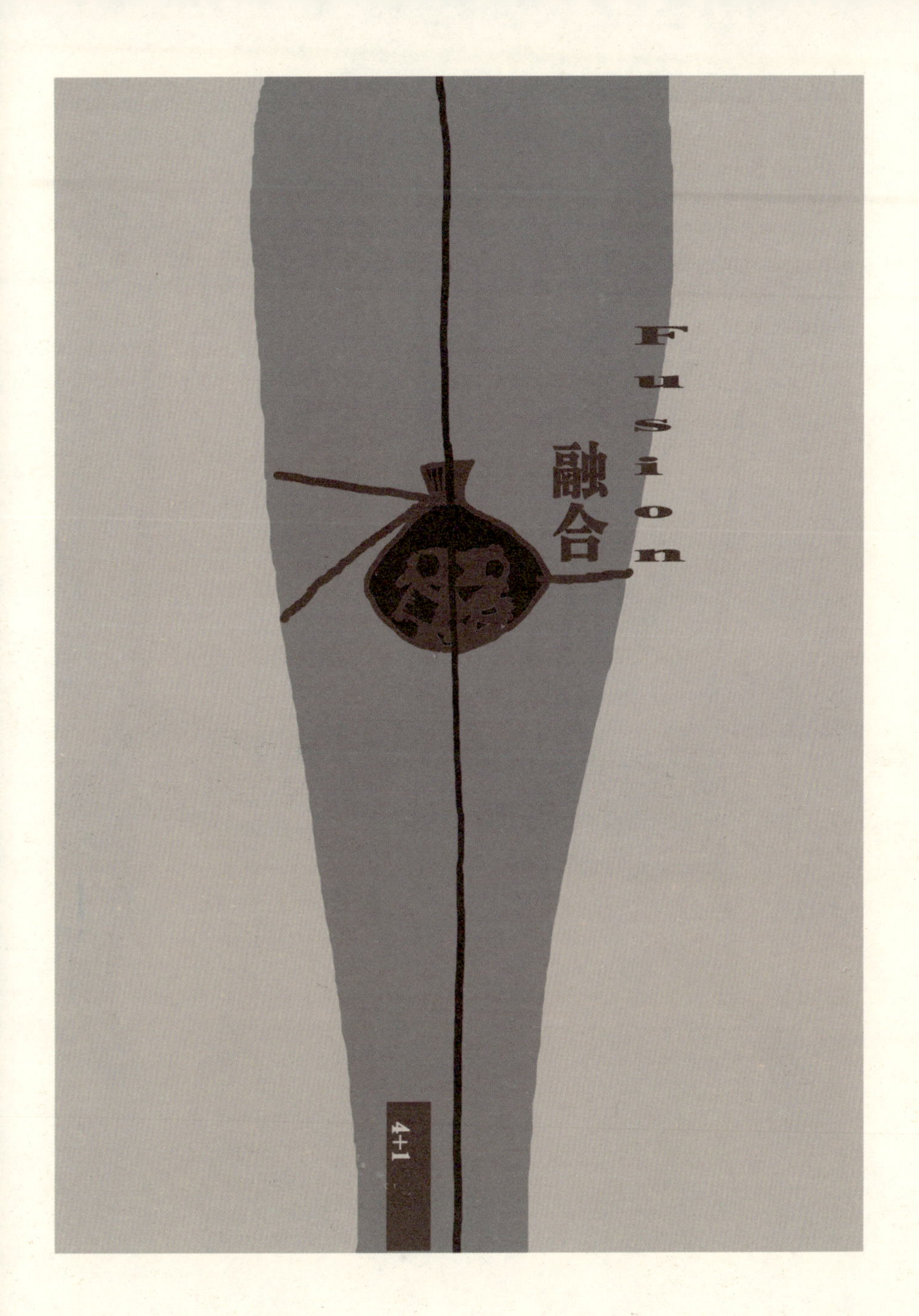
Fusion
融合
4+1

Der Aufbau von etwas Neuem bringt Zerstörung mit sich. Eine neue Stadt wird gebaut, und zerstört die alten bisher bestehenden Strukturen, das Ländliche, das Dorf und deren Kultur. Durch die schnelle Stadtentwicklung und Umwälzung der bestehenden Strukturen hat man deren Auswirkung auf die neu erschaffte Situation nicht bedacht. Der neue Campus der GAFA auf einer Binneninsel am Rande Guangzhous wirft viele Fragen auf. Wir haben mit den Dorfbewohnern der vier Dörfer, die jetzt in das riesengroße Universitätsgelände eingebettet sind, Interviews geführt, Fotos und Videos gemacht, um den ursprünglichen Zustand der Binneninsel zu erfassen, das Früher zu erfahren.

Video

Liang Xianrong, Mao Guanming, Lai Xiaofeng, Li Jingyi, Si Wenxu

一座新城市的建立，就意味着对原来的破坏。生态、建筑、人文……城市的突变，总是让我们来不及在当时思考。而过后，我们却发现这里已经不同以前了。
新兴的广州大学城更是如此。这座城市带给了我们太多的思考。我们走访了大学城里仅存的四个村落，去寻找原始的状态，用照片和影像记录下来。村落的平静、安祥、质朴，那是一种心灵归属的气息。简陋的房子里弥漫着古老的尘埃。青草更青。同样，我们也把新建的十所高校里的所形成的新状态也用同样的方法记录下来。朝气、发展、占有、无邪的校园，迷茫的学子。阳光灿烂得没有了方向感。新旧两种环境对比是如此的强烈。

当所有的素材最后剪辑成影片《PLACE BELONG TO US》时，影片随着特别的音乐节奏起伏着——由平静的原始村落生存状态，到大学城兴建的冲突，再到建成后新的环境生存状态，最后回归到平静……当中穿插了民工的状态，学生玩乐的情景，等等。当所有的东西交织在一起，带给我们的思考并不是唯一的，大学城不是一个对与错的问题。到最后，这一切好像真的回归到了原始的平静状态，其实不然，正如影片最后的字幕所说：END NOT END！

数码影像

梁羡荣，毛冠明，赖小凤，李静宜，斯文叙

Diese Arbeit versucht, anhand von verschiedenen chinesischen Dialekten und Sprachen anderer Länder das Zusammenleben unterschiedlicher Kulturen in Guangzhou zu zeigen. Dieses Zusammenleben ist einer der Gründe für das „Mutieren“ der Stadt.

Die „Mutant City“ Guangzhou ist ein Schmelztiegel der verschiedenen Kulturen, aber auch hier kommt es manchmal zu Problemen zwischen den verschiedenen Bevölkerungsgruppen.

Der Betrachter soll auf diese Problematik aufmerksam gemacht werden und zum Nachdenken angeregt werden.

Videoinstallation

Zhou Lijun, Jiang Jianwu, Wang Yingjie, Zheng Wanjun, Ruan Yiyang

作品通过不同的语言(包括普通话，各地方言，其他国家语言等)来表现广州城市人口流动的现象，展示出广州人口流动变迁的过程，广州本地人与外来人口的摩擦与共存。作品希望可以引起观众在城市人口流动方面的关注与思考。

影像装置

周立均，江建武，王英杰，郑万军，阮宜扬

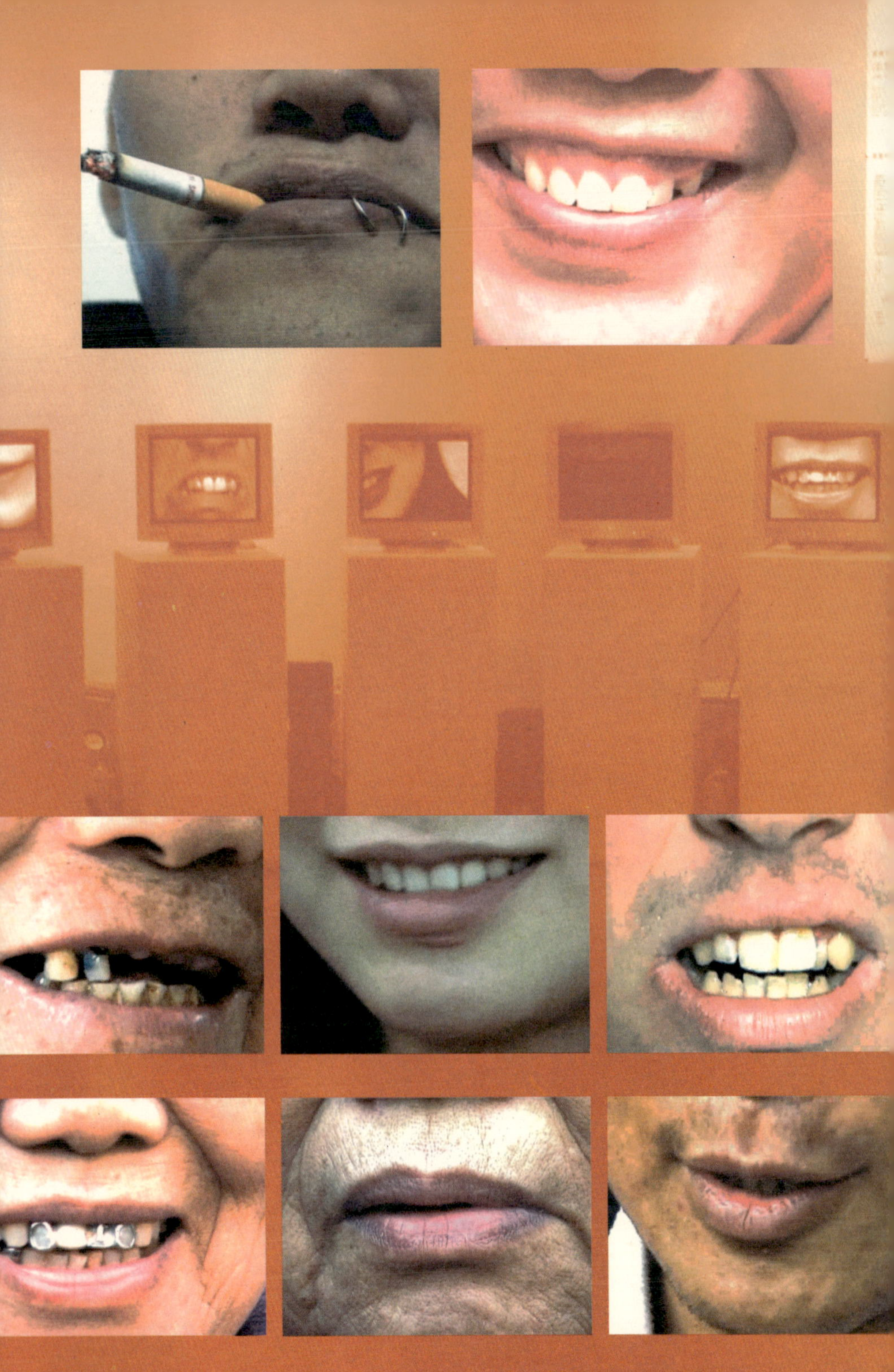

Bei der Installation handelt es sich um eine Beamerprojekton auf eine lange Tafel. Die Arbeit versucht anhand der Esskultur den Wandel der Stadt Guanzhou zu einer „Mutant City“ zu beschreiben. Als Folge der wirtschaftlichen und gesellschaftlichen Entwicklungen findet eine immer stärkere Öffnung nach außen statt.

Die Esskultur in Gouangzhou ist seit jeher von ausländischen Speisen geprägt, doch im Rahmen der Globalisierung wird der Einfluss westlicher Essgewohnheiten immer stärker. Das äußert sich zum Beispiel im Boom von Fastfood-Restaurants wie „Mc Donalds“.

Die Zerstörung der traditionellen Esskultur bringt neben einem schleichenden Verfall der Traditionen auch neue Probleme wie Umweltverschmutzung durch überflüssige Verpackungen und Wegwerfbesteck mit sich. Mit dem Wandel der Lebensumstände ändert sich auch das Kulturbewußtsein der Menschen in Guanzhou. Es kommt immer mehr zu einer Verschmelzung zwischen Fastfood und traditioneller Küche.

Die Arbeit „Gemeinsam Essen“ versucht das in einer Tisch-Projektion darzustellen. Auf der einen Seite der Speisetafel befinden sich chinesisches Geschirr und Besteck sowie eine Speisekarte. Die gegenüberliegende Seite ist nach „westlicher“ Art gedeckt, allerdings mit einem traditionellen chinesischen Bambusstuhl.

Gouanzhou ist multikulturell und offen und nimmt verschiedenste Einflüsse in sich auf.

Videoinstallation

Guan Xiaoyan, Li Wenfeng

作品主要从饮食文化方面着手去表现广州的突变。随着经济的发展、社会的进步，以及对外开放的不断扩大，广州饮食文化也在不断地发展和变化。广州饮食文化受到外来文化的冲击，如以麦当劳、肯德基等为代表的西方快餐文化，占据了不少年轻人和儿童的市场，使不少人的生活习俗、文化观念也发生了的新变化。当今，外来饮食文化逐渐融入到广州本土的饮食文化之中，但也在一定程度上，冲击并吞食着广州的传统饮食文化。同时，快餐文化也给广州带来了环境污染的问题。

这组作品中， 围绕同一张餐桌，在桌的一端摆放着中式餐具，餐单和西式椅子，而在另一端却摆放着西式餐具，餐牌和中式竹凳。不同文化的东西却同时出现在同一张桌子之上，意在表现如今的广州是一个能接纳新事物，能包容不同文化的城市。而投影中的影像是广式食物与西式食物交替出现，希望能让观众感受到西方文化所带来的冲击对广州本土文化的影响，也希望借此让观众反思我们应该如何在接纳新事物的同时，保护和发展我们优秀的传统文化。

视频装置

关小燕，李文峰

„Was für eine Metropole, aber wo ist das Gefühl von Heimat?“
In der modernen Gesellschaft/Stadt geht das Gefühl von Heimat verloren.
Zu diesem Thema sind dokumentarische Fotografien und Filmaufnahmen entstanden.
Auf poetisch-kritische Weise wird die Unruhe und Ruhe des Stadtlebens gezeigt.
Für den Staat stehen die Produktionsziele der Wirtschaft im Vordergrund und das kulturelle Problem wird dabei verdrängt.

Videoinstallation

Liang Xianrong , Mao Guanming , Lai Xiaofeng, Li Jingyi, Si Wenxu

“城市有那么好吗？那不是我们可以叫作故乡的地方啊。”

这种“城市”对“故乡”的疏离感，透露出现代社会对于人们心灵世界的陌生意味。以简单的方式拍DV，用纪录片式的影像，使焦虑的生活和朴素的古墙走向了抒情的柔软和图腾的神秘。或许作品会有“阐拜下清”的危险，但在我们看来，作品中的强音有着本土文化所面对的困境。传统的生活方式几乎无力抵抗现代世界的通行理性规则，只有在不断“适应”的困扰和挣扎中，艰难地维护自身文化的价值和意义。而对所谓“社会”来说，对城市的主要关注点是生产总值等等这些“可资统计”的指标，而对这个“城市”的心灵诉求，对其在现代性冲击下的文化挫折从来置之不顾。

“城市有那么好吗？……”

视频装置

梁羡荣，毛冠明，赖小凤，李静宜，斯文叙

JEWEL
adi shipin.com
湾，国产压克
服饰辅料
厂家直销
厂家直销

JEWEL
adi shipin.com
台湾，
服饰辅料
厂家直销
厂家直销

EJEWEL
adi shipin.com
服饰辅料
厂家直销

EJEWEL
adi shipin.com
服饰辅料
厂家直销

厂家直销

厂家直销

Eine Arbeit über die langsame Veränderung und das Verschmelzen verschiedenster Kulturen. Plakate, Collagen, die aus Elementen der traditionellen chinesischen Kultur und Elementen der Hip-Hop Kultur entstehen.

Guangzhou ist eine sehr heterogene Stadt. Tradtionelle kantonesische Kultur überlebt, wie z.B. die Guangzhou Oper, das Puppentheater, traditionelle Instrumente, Tai Chi und Kung Fu. Es gibt noch viele Leute, die diese Elemente mögen, selbst aus der jüngeren Generation. Andererseits ist Guangzhou ist eine Stadt, die sich öffnet und auch von der westlichen Kultur beeinflußt wird. auch von Hip Hop und Rock'n'Roll. Meiner Meinung sind Tradition und Moderne in Guangzhou keine Gegensätze, sondern gehen Hand in Hand und wachsen zusammen.

Plakate

Xie Shufen

在城市突变这个课题里，我选择了传统与现代这组关键词，主要是想通过广州传统与现代的文化交融来表现广州的突变。本作品以四张海报的形式来展示，四张海报的小主题分别是《音乐》、《运动》、《融》、《舞》。海报是用拼贴的形式做的，抽取了传统与现代文化中比较有代表性的元素组合起来。我觉得如今广州最有代表性的现代文化是HIPHOP文化，HIPHOP文化包括了街舞、涂鸦、音乐（说唱、搽碟）、街头运动（滑板、街头篮球、街头足球）。把传统的文化与HIPHOP文化作对比，拼凑在一起。

广州是个多元化的城市，发现传统的东西还保留着很多，例如：戏剧、木偶戏、传统乐器表演、太极功夫等。传统的文化还在这个如今现代化的城市存在着，并随着这个城市发展着。还是有许多人喜欢着这些传统文化，而且还有一部分是年轻爱好者。当然，广州这个开放的城市一定会受到西方文化的影响。外来的文化流入了广州，如：HIPHOP文化、摇滚音乐、现代舞蹈等等。许多年轻的一代接受了这些外来文化，并非常喜欢。在广州，传统与现代的东西并没有互相排斥，而是共同发展着。传统与现代相互交融着，相互渗透着，吸取其中的元素，丰富自己的文化，或者发展出一种新的文化。在广州传统与现代文化的交融形成了一道亮丽的风景线，这也是当今广州文化的特色。从传统与现代文化的交融也可以看出广州城市的突变，这也是广州城市独特的发展方式。

海报系列

谢淑芬

音樂
MUSIC

SPORT
運動

BLEND
融

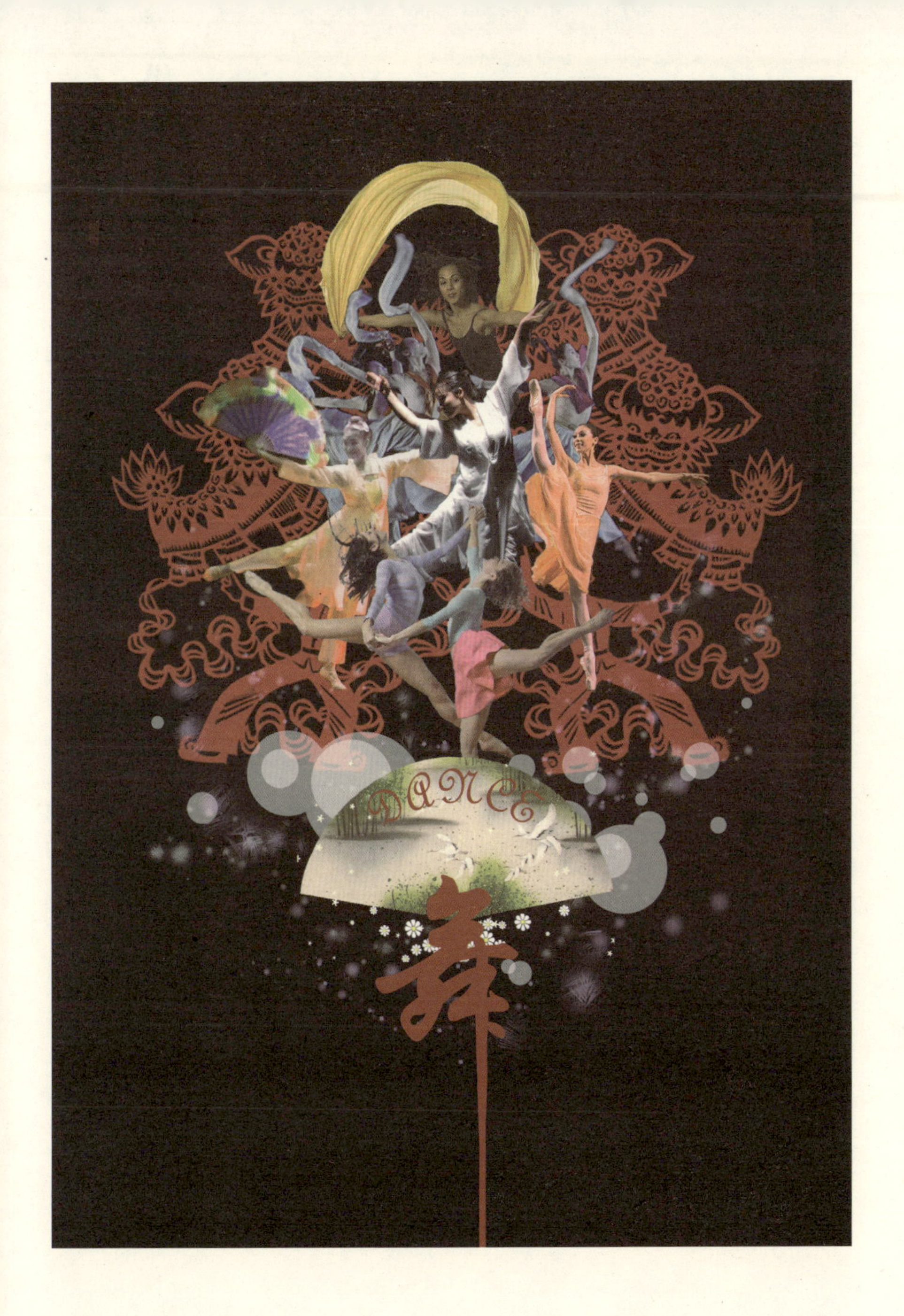
DANCE
舞

多
多

Ausgangspunkt für diese Arbeit waren die Kommunikationsschwierigkeiten innerhalb der Gruppe. Wir merkten bald, dass wir mit unseren Englischkenntnissen an unsere Grenzen stießen. Deshalb konzentrierten wir uns auf die Mimik und Gestik des anderen und fanden so zu den Wurzeln der Kommunikation zurück. Bei unseren Streifzügen durch die Stadt fanden wir einen Tempel. Es fiehl uns auf, dass die deutschen Studenten von der Ruhe und Spiritualität dieses Ortes inmitten einer lärmenden Stadt gefangen waren. Unser Thema war gefunden: die akustische Vielfalt der Großstadt.
Als Basis der Arbeit diente der Ton des filmischen Tagebuchs von Ina Becker. Dazu kamen Tonaufnahmen aus der Stadt und zu Collagen zusammengefügte Fotos.
Wir versuchten, das moderne Gesicht einer alten Stadt mit einer jahrtausendlangen Geschichte darzustellen.

Videoinstallation

Zhu Dingliang, Zhu Minguang, Zhong Yu, Ma Mingze, Liu Danyun, Liu Han, Lao Bofeng, Dai Weijiang, Deng Lupu, Daniel Berwanger, Ina Becker

工作坊期间，中国学生和德国学生的交流就只有依赖大家都不太擅长的英语。可是就是在这种口不能言，各种各样晦涩的形容词都被隔离开来的时候，我们的眼睛开始注视，耳朵开始静听，心也开始了一种最本真淳朴感受的寻觅，赖以转化成彼此都能领会的信息，来沟通，来分享。《城市的节奏》就是这样产生的。

在与德国同学进入广州市中心寺庙的时候，他们忽然觉得自己仿佛来到了中国人内心的静谧的世界——高速发展的城市和世俗的喧嚣近在咫尺，而寺院的围墙之内，却是鸟鸣人静一派祥和。于是大家都在这一刻找到了如何表现广州这个复杂的矛盾体的切入点：声音。

用德国同学的日记作为主线，用记录式的录音音波作为表现手法，用超现实的剪辑手法将影像符号和意义符号综合在一起，我们很好地表现了广州的这个中国历史城市的现代面貌。

视频装置

朱鼎亮，朱敏光，钟彧，马铭泽，刘丹云，刘寒，劳柏峰，戴伟江，邓璐甫，丹尼尔·贝汶葛，依娜·贝克

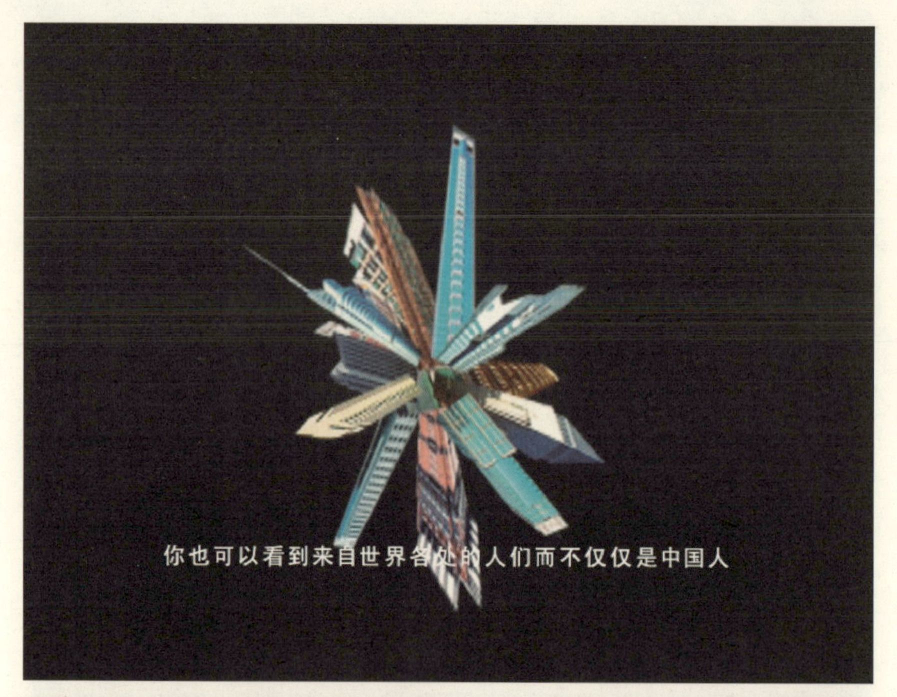
你也可以看到来自世界各处的人们而不仅仅是中国人

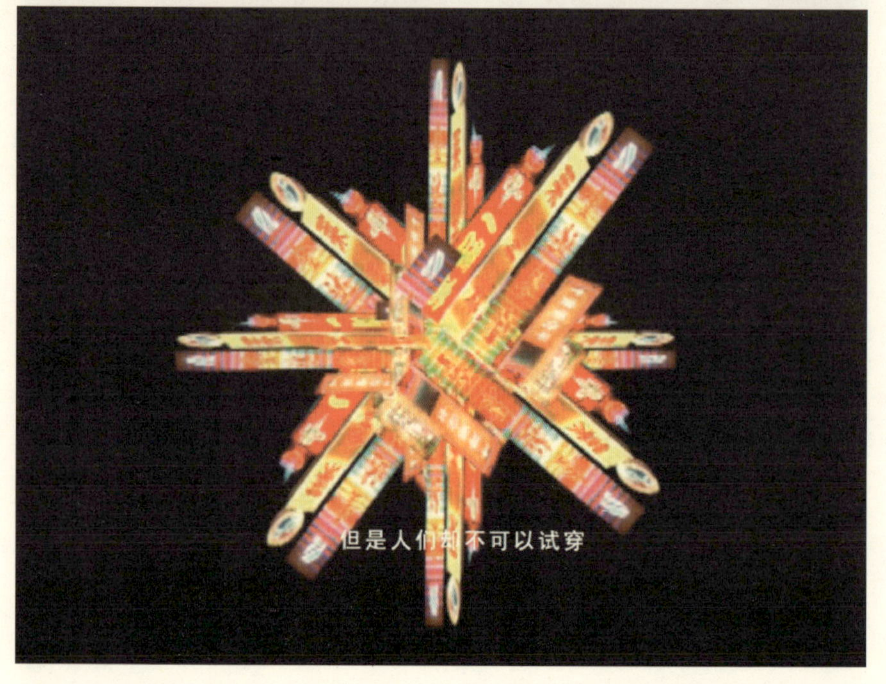
但是人们却不可以试穿

有的人缓慢地耍着太极

没有酗酒的流浪者来打破公园的祥和

Durch die Veränderung der Stadt ändert sich der Lebensraum des Menschen. Darin liegen komplizierte Widersprüche. Wir konzentrieren uns auf die Lebenden und die Toten, insbesondere deren Beziehung zueinander.

Flash - Animation

Wu Dejian, Pang Na, Wang Wei, Zhang Peng, Gao Guisheng

在城市的突变中，人的生存空间也同样面临着巨大的转变，其中的矛盾是多重的。我们截取了一个层面，再现了其间的矛盾体：生者与死者，生者与生者，死者与死者，矛盾不止……

数码动画

吴德键，庞娜，王威，张朋，高贵升

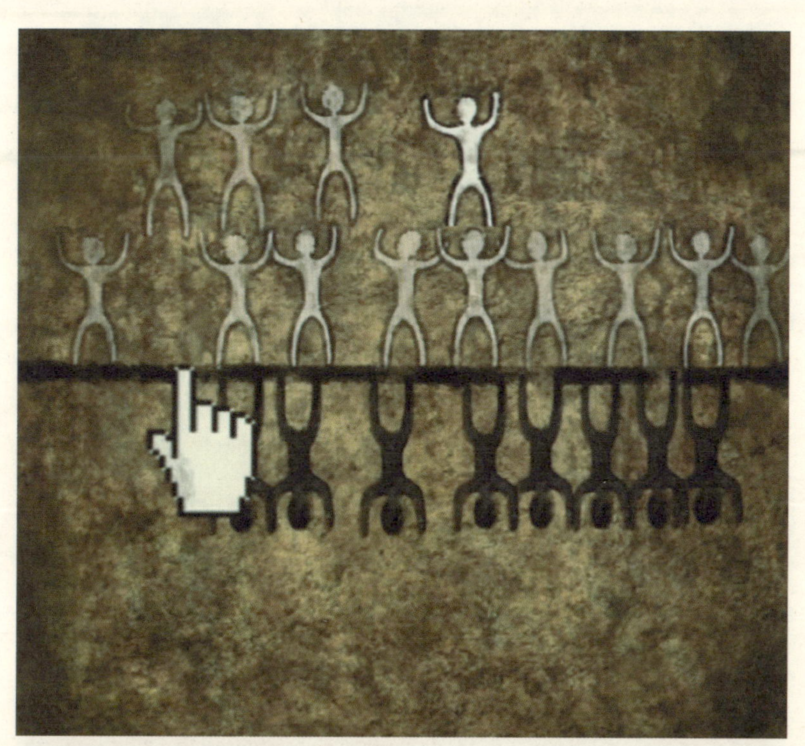

FIRE?
YES
NO

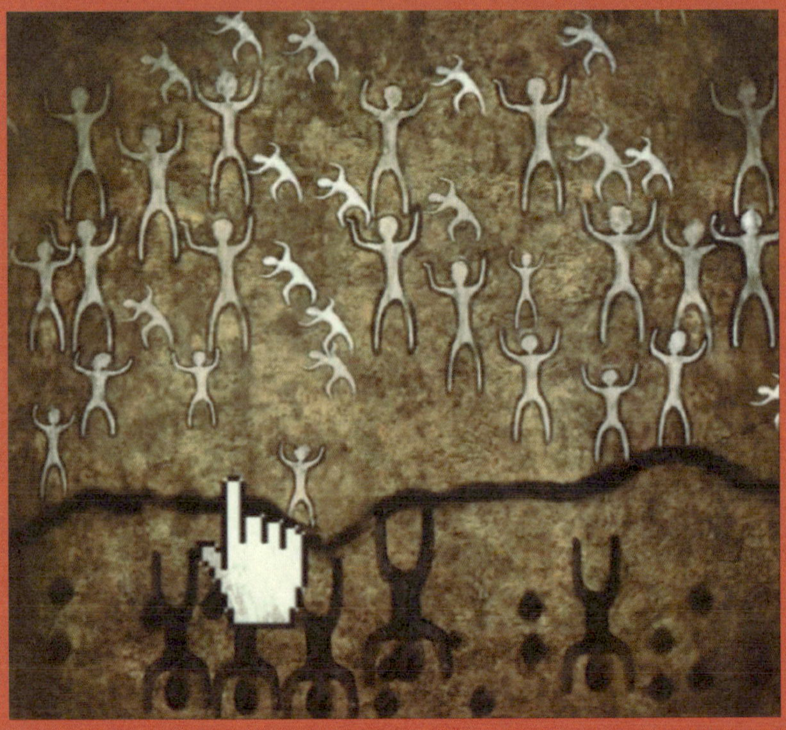

Guangzhou ist die größte Metropole Südchinas, mit einer jahrtausend langen Vergangenheit und eigenen Kultur. Nach der politischen Öffnung Chinas galt die Stadt als Fenster zur westlichen Welt. Die neuen Kulturen und Einflüsse fielen wie Kinder in den Schoß einer Mutter, der Stadt.
Diese Kinder wuchsen sehr schnell. Zu schnell. Die alte Mutter war nicht mehr in der Lage sie zu kontrollieren. Im Leib der Mutter verursachten Kämpfe zwischen den lokalen Kulturen und der neuen schillernden Welt Übelkeit. Auch nach dem Brechreiz fand sie nur kurz Erleichterung...
Das weiße Gesicht steht als Kritik an den lebenden Menschen. Sie bedienen sich der alten Kultur nur noch wie Touristen in einem Souvenirshop. Der letzte Atem ist die Erinnerung an die lokale Kultur. Dieser eingebettet in das Stadtbild zeigt uns wie wir heute leben.

Plakate

Maria Schwabe , Marius Wenker,
Huang He

«Eine alter chinesischer Glaube ist, dass durch das verbrennen von (Dingen) der Weg zu einer anderen Welt geöffnet wird. In einigen Fällen sind es weiß angemalte Papppuppen mit roten Wangen.»

广州作为中国南方的大都市有着悠久的历史和文化，却率先在改革开放大旗下接触外来文明。这些外来文明如新生儿般被植入城市母体，生长膨胀，古老而脆弱的“母亲”无法自控，只能通过呕吐来减轻“妊娠反应”，厌恶的呕吐让她不适的入侵异物，令她厌恶的是市民本土的文化缺失，以及种种媚外思潮。

扎纸娃娃，是用来焚毁以祭死者的道具。传统的中国人相信，任何事物只要烧成灰烬，就可以通向灵魂的世界。

从某种角度来感受，扎纸娃娃以悲观的存在姿态警世着生者。因此我们把她作为一种古老而脆弱的象征，这正如我们当下观察的，传统文化往往作为“旅游资源”而存在，孤独的站立在城市中，观望日新月异的社会变迁。

泯灭前她躺在杂糅的城市建筑图像中喘息，从嘴唇呼出的气息是她的灵魂碎片，那是一些广州本地的文明记忆。这些气息混入茫然的市容当中，合成我们居住中的现代广州。

系列海报

玛丽亚·斯瓦比亚，玛瑞司·汶克，黄河

全球化
城市化
大型购物商场
时尚牺牲
物质主义
右!

齐鲁大酒

全球化
城市化
物质主义
右!

Die Stadt Guangzhou ist mit großer Geschwindigkeit gewachsen. Durch diese Entwicklung ist auch die Lebensqualität gestiegen. Diesen Wandel erkennt man nicht nur an der neuen Lebensart der Jugend, sondern auch an dem der älteren Generationen.

Das einfache Leben von früher ist passé. Nun dominieren neue Möglichkeiten zur Entfaltung und zur persönlichen Glückseligkeit im Alter. Neues kennen lernen und zu entdecken, bereitet auch im Alter viel Spaß und Freude.

Zwei Plakate:

1. Mehr Möglichkeit und Spaß im Alter
2. Ein Tag

Zhou Yun

随着广州城市飞速发展，人们生活水平也有了很大的提高。这个变化不但影响了年轻一代，还给老一辈人的生活方式带来了质的改变。

广州老年人的生活从单一化演变为多元化。而老人对于新型生活的多样体验，对其身心也带来了更多的乐趣与惊喜。

从单一化到多元化，从尝试到乐趣，这些变化都体现了广州老人们已经在以积极的行动参与到广州城市突变中。

两个系列海报：

1.《更多尝试,更多乐趣》
2.《一日》

周韵

更多嘗試

Old People Need More Possibilities

更多樂趣
Old People
Need More
Possibilities

黄石
大埔
105
6:30
白云山
2:30

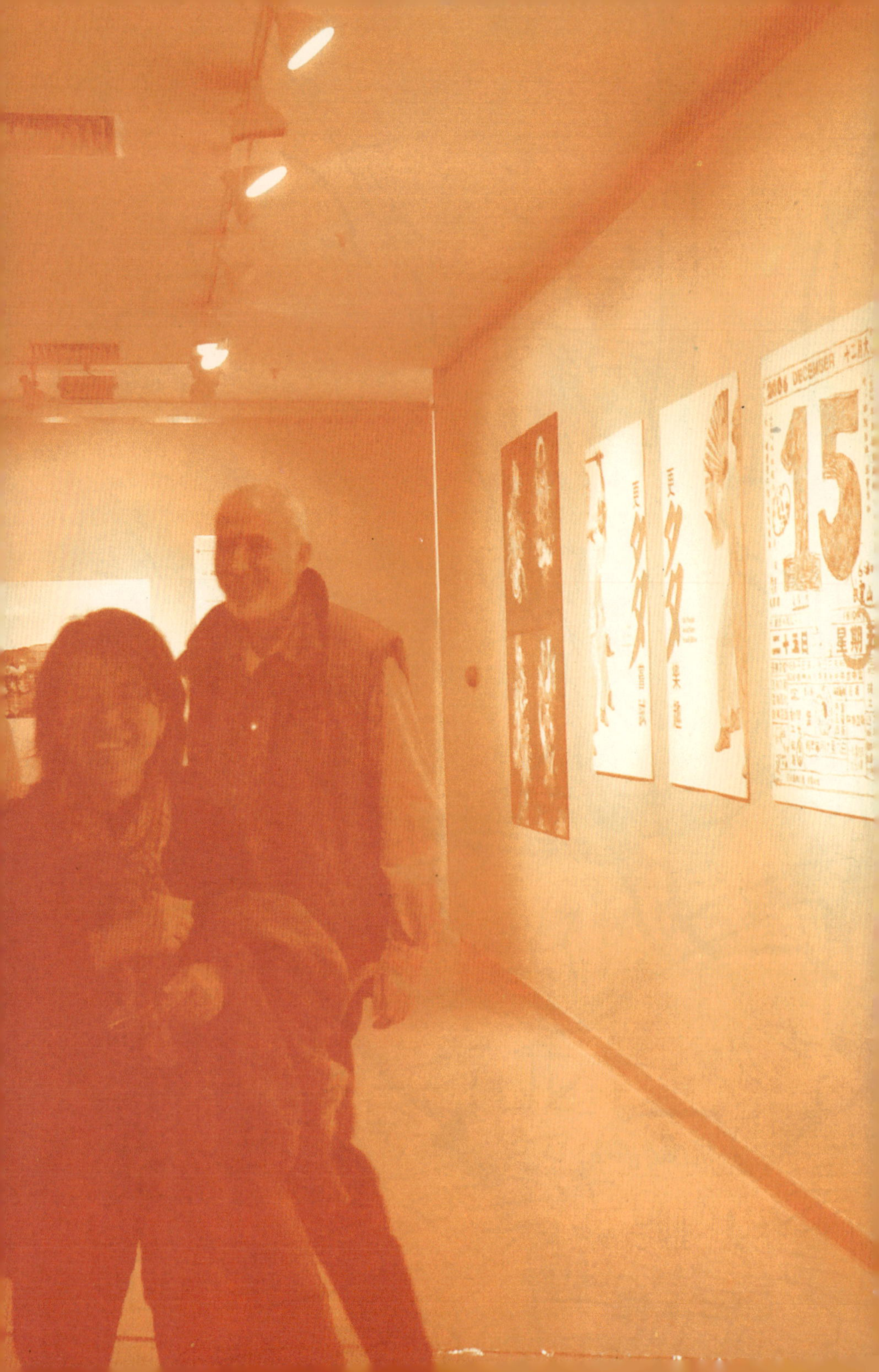

Am 8.12.2006, also kurz nachdem der Workshop begann, ereignete sich ein tragischer Unfall an einer Kreuzung des Campusgeländes. Verursacht wurde der Unfall von einem Baustellenfahrzeug, das frontal mit einem voll besetzten Schulbus zusammenprallte. Bei dem Zusammenstoß sind zwei Schüler aus den Fenstern des Busses geschleudert worden. Beide überlebten den Unfall nicht und sind schon vor Ort gestorben. Die Feuerwehr konnte nur noch den Verletzten helfen. Als die Polizei eintraf war der Fahrer des Baustellenfahrzeugs bereits fahrerflüchtig. Sonderbar ist, daß bereits vor Eintreffen der Feuerwehr zwei Polizeistreifen bereits am Unfallort vorbeifuhren ohne jegliche Hilfe zu leisten oder den „Fall“ aufzunehmen. Nach dem Unfall fragte einer der Journalisten einen der Schüler, wie denn der Flug der beiden Verstorbenen ausgesehen hätte. Dem Jungen blieb nichts weiteres übrig, als zu lachen. Bereits im März selben Jahres war ein ähnlicher Unfall passiert. Er wurde überregional diskutiert. Bei wem sollte man die Schuld suchen? Bei der Stadt, die zu wenig Kontrollen vornimmt oder bei der Baustellenleitung, die die Akkordarbeit der Arbeiter antreibt? Eine Untersuchung in den Krankenhäusern in Guangzhou zeigt, dass solche Unfälle zwei bis drei mal monatlich vorkommen. Die Verursacher begehen meist Fahrerflucht. Die Arbeit wendet sich an junge Schüler, um sie mit der Realität des Lebens zu konfrontieren und sie an den Umgang mit Risiken heranzuführen.

Wandinstallation

Wu Jiang, Zhou Jielian, Deng Jiansi

2006年12月8日（即是德国师生在广州的第6天）下午一点钟左右，广州大学城南区广东工业大学东一宿舍旁路口发生一起车祸，造成两名小学生当场死亡。据知情人士透露，今天一辆巴士满载小学生到大学城进行参观，路经大学城南区，即华工与广工交接路口时，遇到一辆施工运泥车迎面撞上，造成多名小学生重伤，两名当场死亡。事故发生后，肇事司机畏罪潜逃，救护车与警车、消防车相继赶到，消防人员将被撞巴士司机与车上小学生救出，现警方将介入调查找出肇事司机。

我们掌握到的资料是：当时消防车、警车还没赶到现场的时候，有两部警车经过，但是他们没有停下来，呼啸而过。继广州“3.16”泥头车撞倒公交车后的又一惨剧，全城震惊，引发对泥头车监管的再次疑问。城中多间医院反映泥头车撞人已是常见之事，一个月至少有两三起“泥头车”司机肇事逃逸事件。记者采访其他小学生关于这场车祸，问：这两个学生是怎么飞出去的？然后小学生们都笑了。

这不免让我们想到中国社会在蓬勃发展的时候，我们的人身安全问题和社会道德问题，如肇事司机的逃跑，警车的不理不睬，泥头车撞人的事件继续发生，记者的无聊问题，小学生不知所谓的笑。为此，我们设定了一个广州小学生的16种可能，从生到死，做成一个转盘。观众在参与互动的同时可以引发自省，也可以感觉到我们对于现实社会这种现象的一种抗议，我们自己会对此产生一种共鸣。所有的事情看起来都具备赌博性，我们时刻都处在一种不安的状态中。

平面装置

吴疆，周洁莲，邓键思

Wir diskutieren über die Zukunft der modernen Stadt im Zeitalter der Globalisierung. Eigentlich müsste die Entwicklung Guangzhous eine Verbesserung unseres Lebens sein.
Fahrzeuge, Wolkenkratzer und Neonlichter überfluten die Stadt. Aber die Pfade der alten Stadt und die tradtionelle kantonesische Kultur verschwindet...

Fotoinstallation

Lin Shushen, Ruan Yiyang, Xu Yifei, Wang Lei

在全球化的大趋势下，现代城市究竟该何去何从。在现代都市不断扩建的过程中，究竟付出了多少生态与人文的代价？多少社会道德和传统文化信仰在流失？这一切与获得的财富、繁荣以及舒适度相比之下是得是失，也尚待省思。

我们的镜头视角总能被一些人文历史与生态状态所吸引，在城市美丽的外表下，人们迷失于林立的高楼与来往的车流中，麻木在灯红酒绿之下，往日的西关传统建筑逐渐被新式的高层建筑所取代，古城的历史痕迹也在逐渐消失，取而代之的是更高密度的大规模扩建。

摄影装置

林澍深，阮宜扬，徐逸菲，王蕾

市海珠区退休职工

Bei den Erkundungen der Stadt Kanton fiel mir die mir fremdartige Verdienstmöglichkeit von jungen Menschen auf, die darin besteht, vor der Tür des Geschäftes stehend durch Klatschen und lautes Rufen potentielle Käufer zum Eintreten zu animieren. Ich sah die durch Klatschen und Rufen hervorgerufene Euphorie und Schnelligkeit, die Erschöpfung und Traurigkeit in den Gesichtern.

Fotos

Ina Becker

在对广州这座城市的调研过程中，最令我感到好奇的是这座城市中年轻人一种奇怪的赚钱方式，他们站在商铺店面前，击掌吆喝着招呼顾客进店。透过那些唤起的生气与活力掌声和吆喝，我却感受到了他们面容中的疲惫与悲伤。

摄影

依娜·贝克

JEEJA

38
品牌
8元

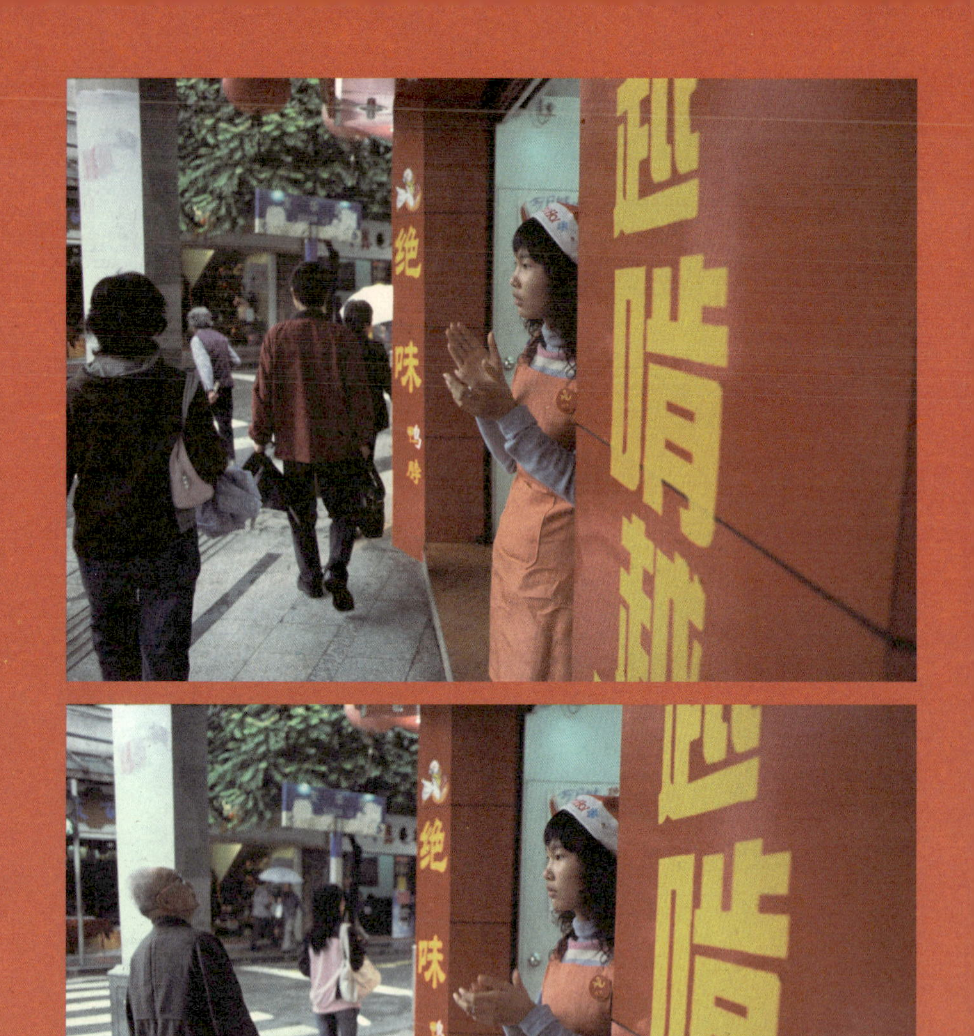
绝
味
鸭脖

„Mimikry“ ist ein Heft, das in Bildern und Texten vom Leben der Studenten der University City erzählt. Dabei begegnen wir Neon-Sternen und Schwertkämpfern, Sojamilchtrinkhalmen und überlaufenden Gullis, Coca-Cola-Weihnachtsbäumen und...Anpassung.

Fotoausstellung und Magazin

Till Christ und Anne Kathrin Schuhmann

“拟色”是一本由反映广州美术学院学生们生活的图片文字构成的小册子，在此我们经历接触了电视新星、剑道、软包装的豆浆，以及那堵塞溢出的下水道井、还有可口可乐的圣诞树，并尝试与之相适应。

摄影杂志与展览

蒂尔·珂瑞斯特，安妮·卡葶舒蔓

chhäusern auch Universitäten
hier, wo vor wenigen Jahren
University City begann.
Universitäten, zahlreiche
tadien, ein Krankenhaus, eine
ge des Wohnheims sind hell
die Geländer. Wäre nicht das
almenbeet im untersten von
nnte man meinen, man be-
ängnistrakt.
nnen, sagt eine der Studen-
Mia "GheGhé" - so nennen
eunde und ihre Familie - aber
n sind so unpraktisch für die
rnet. Sie zeigt uns ihr Zim-
mmilitoninnen bewohnt: vier
kleine Schreibtische darun-
n eine schmale Kochzeile,
Klo und Dusche. Dazwi-
ocken. "GheGhé" bedeutet
Mia, eingeklemmt zwischen
en Kater von zu Hause mit-
s einzige, was dem Zimmer
Balkon: die
Hoch-
Straßen
is vier-
0001 02 0304

23.06.07
-
07.07.07

柏林

Berlin

国会前–权利中心前

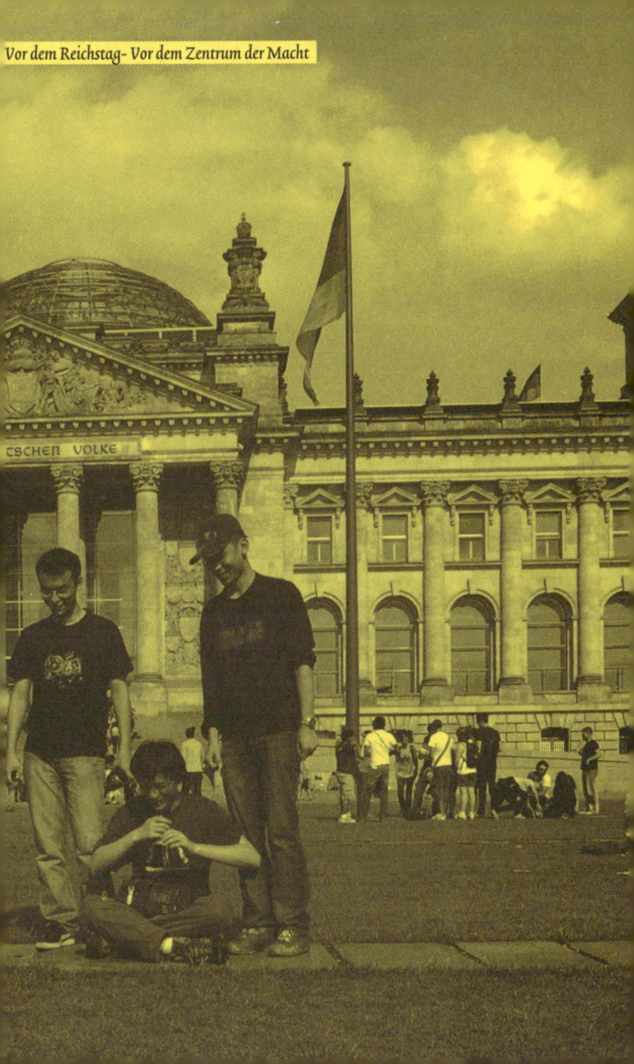

Vor dem Reichstag- Vor dem Zentrum der Macht

在白湖艺术学院的第一次集体座谈

Erste gemeinsame Besprechung im Garten der Kunsthochschule Berlin Weißensee

课题讲评现场 *gemeinsames mittagessen mit den professoren des fachgebiets*

VAIO

作品讨论与制作背景

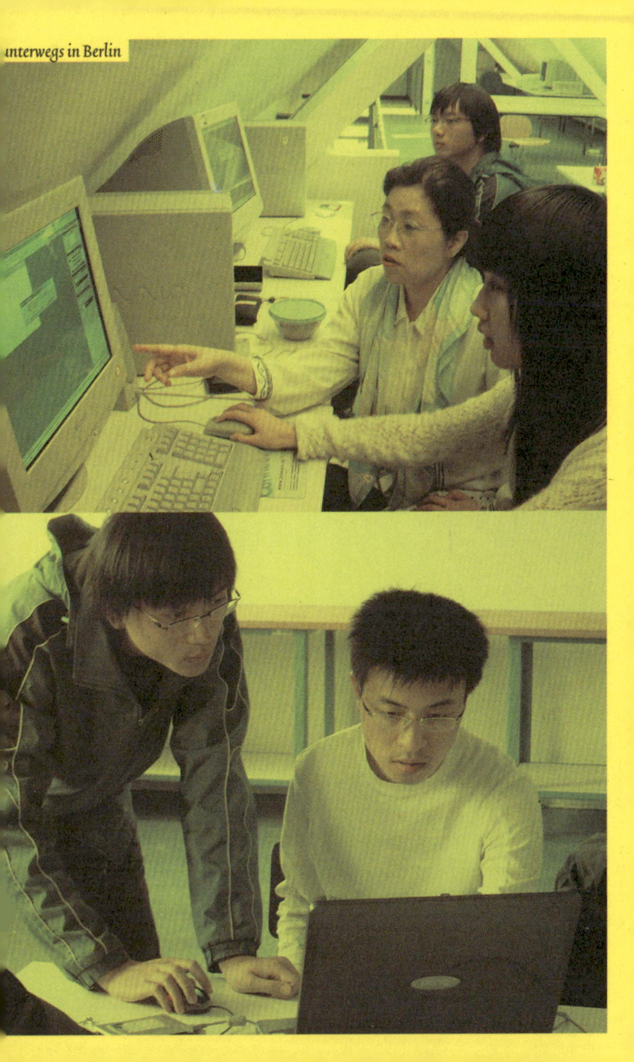

在柏林找北 Orientierung in Berlin
Information

与（柏林）熊共舞 *Tanzen mit dem Berliner Bär*

找个地方吃德国香肠喝德国啤酒

Besuch eines Biergartens mit Bratwurst und Bier

课题讲评 Projektbesprechungen

陈小清教授的公开讲座 Vortrag über die GAFA von Prof. Frau Chen

在白湖艺术设计学院开放日上的课题作品展示
'rof. Matthias Gubig(rechts)präsentiert Besuchern der Tage der
ffenen Tür eines der Buchprojekte

在白湖艺术设计学院开放日上的课题作品展示
Präsentation der gemeinsamen Arbeiten bei den Tagen der offenen Tür der Kunsthochschule Berlin Weißensee

Teilnehmerliste - GAFA
工作坊小组名单 - 广州美术学院

Wang Yuhe
王宇和

Zhou Lijun
周立均

Lin Shushen
林澍深

Zhu Mingguang
朱敏光

Jiang Jianwu
江建武

Huang He
黄河

Xu Yifei
徐逸菲

TeilnehmerListe - KHB
工作坊小组名单 - 柏林白湖艺术设计学院

Andreas Dimmler
安得鲁・汀姆勒

Anna Berger
安娜・贝格尔

Birgit Metzger
比尔吉特・墨子克

Jenny Brosinski
燕妮・布罗

Julius Burchard
朱利叶斯・伯查德

Julienne Jattiot
尤丽纳・雅蒂欧特

Kathrin Grissemann
凯思琳・格瑞丝蔓

Lena Panzlau
莉娜・潘兹劳

Lena Roob
莉娜・罗布

Marius Wenker
玛瑞司・汶克

Manuel Alejandro Navarro
马努埃尔・亚历杭德罗・纳瓦罗

Natalie Herlinghaus
娜塔莉・海灵郝司

Robert Hampicke
罗伯特・翰匹克

Sanne van de Goor
珊尼・范德古尔

Shiwen Liu
刘诗文

Betreut durch:
课题指导：

Frau Prof. Chen Xiaoqing
陈小清教授

Tan Liang
谭亮讲师

Prof. Alex Jordan
亚历克斯・姚尔丹教授

Prof. Matthias Gubig
马赛厄斯・古毕夕教授

Xin Zhang
张新讲师

Jede Stadt hat mehrere Gesichter. Nachdem wir in Guangzhiu waren, haben wir mit frischem Blick auf Berlin geschaut.Oft wird für das Profil einer Stadt nur ein überschöntes und extrem gestyltes Gesicht erstellt, um im internationalem Wettbewerb zwischen den Städten glänzen zu können. Hier nun drei andere Gesichter Berlins.

Plakate

Maria Schwabe & Marius Wenker

德国学生经历了广州的突变之旅后，对柏林产生了一种全新的视角：每一座城市都有几张不同面孔，柏林为了增强城市间的国际竞争力，往往只将城市美丽耀人的一面展示出来。而在此德国学生却展现了三张柏林另类的面孔。

系列海报

玛丽亚·斯瓦比亚，玛瑞司·汶克

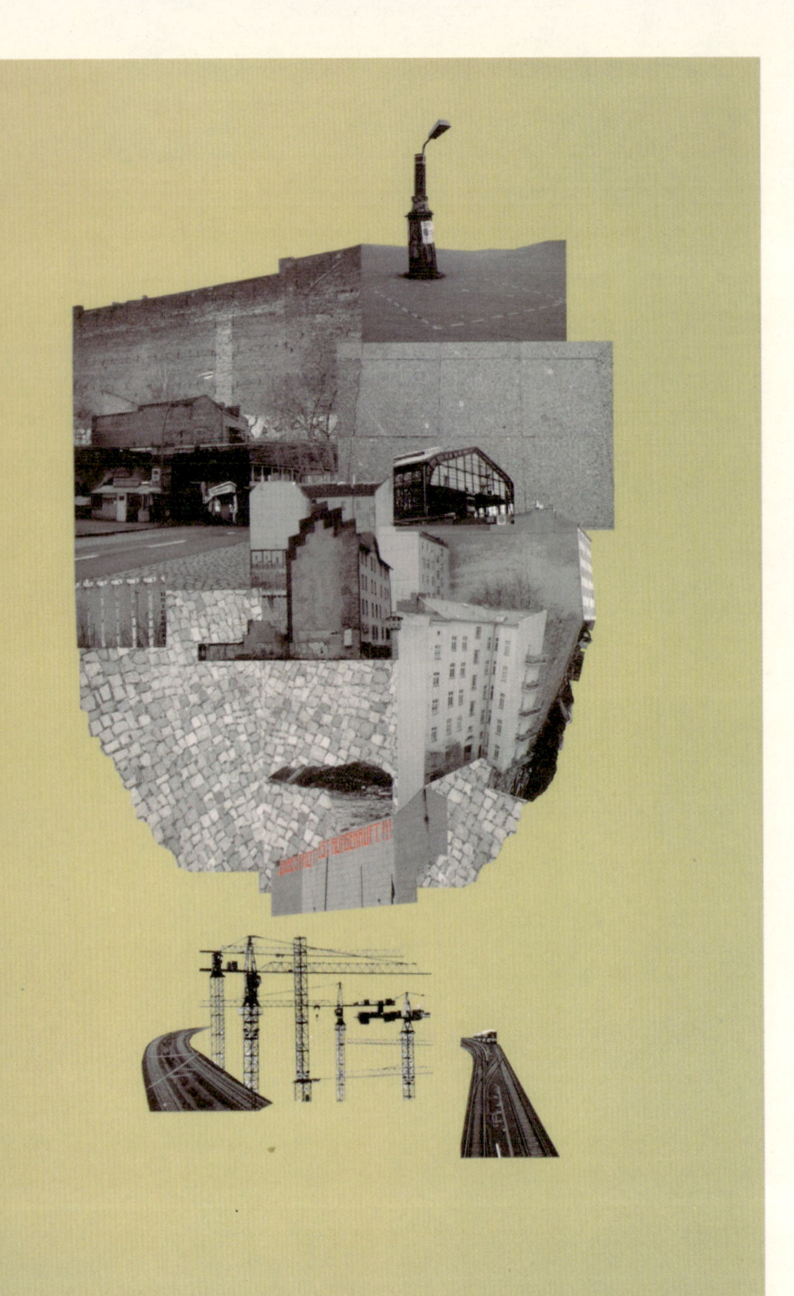

SELBER
TERROR

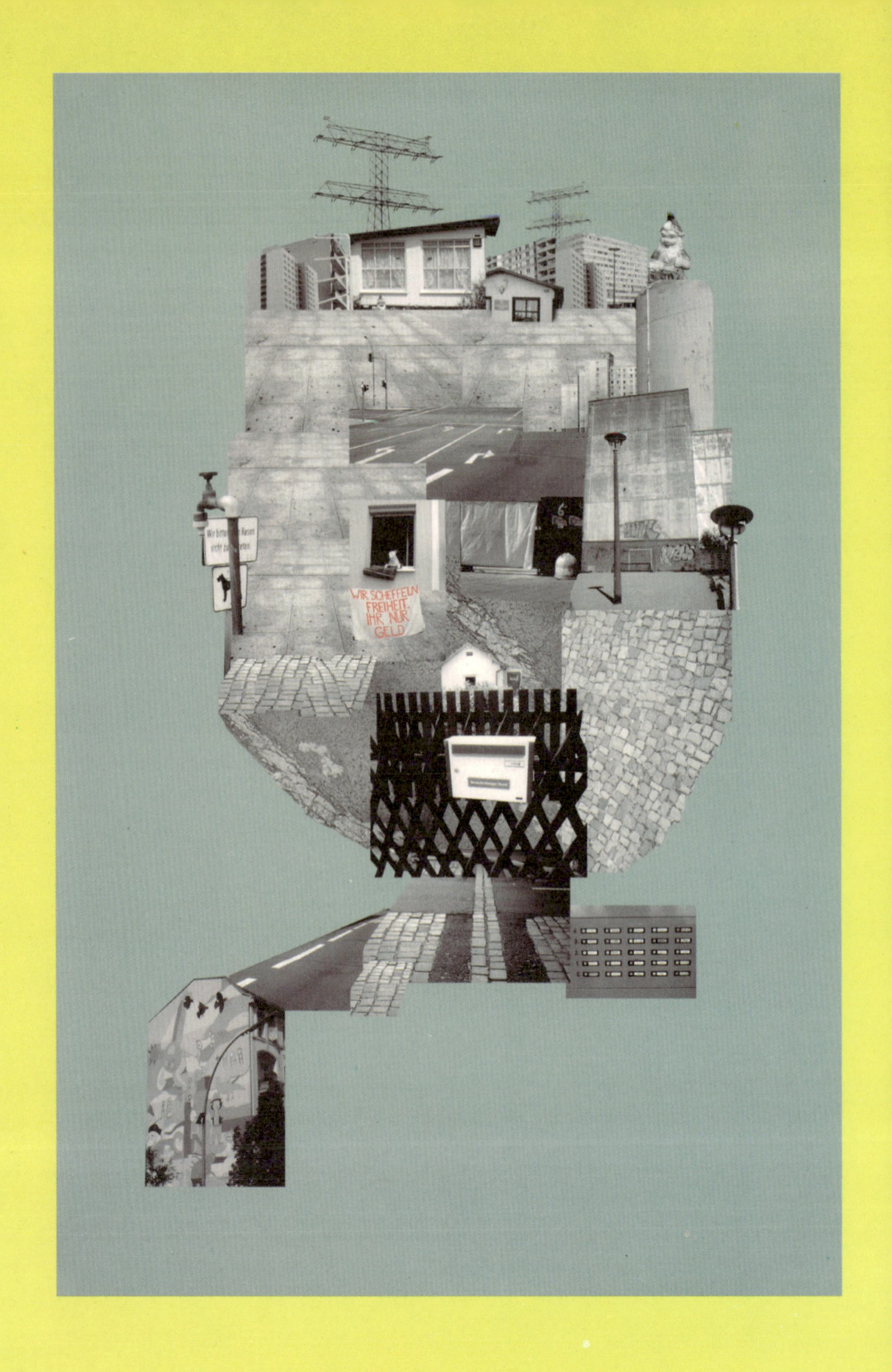
WIR SCHEFFELN FREIHEIT, IHR NUR GELD

Sie ist alles was ich kenne, alles was ich jemals sehen werde. Menschen wirken bedrohlich, es wird Tag, es wird Nacht, Schatten fliegen vorbei, ich werde aufgehoben, gefuettert, ich schlafe, Fuesse treten auf, Musik droehnt durch die Wohnung, ich werde gefuettert, ich schlafe. Ich, die Katze.

一座在博恩霍尔姆尔大街十七号上的住宅，它是我所认识的一切，我所见过的一切。人类显得如此过分，白天将至，黑夜将临，影子飞过，我被抱起喂食，当我睡下，大脚踏着音乐吼叫地穿过房间，我被喂食，我睡去。我，一只猫（作品中的诗句）……

Photographische Dokumentation als Magazin konzipiert.

摄影杂志

Kathrin Grissemann

凯思琳·格瑞丝蔓

17

Ein Berliner Altbau aus der Sicht einer Katze, die in ihm lebt. Wenn sie über das Dach spaziert, entdeckt der Betrachter auch Berlin.

猫，眼中的一座它生活的柏林老住宅。每当它在老楼房的屋顶溜达的时候，总能看到这座城市—柏林。

Film

数码影像

Lin Shushen, Zhou Lijun

林澍深，周立均

Der Landwehrkanal verbindet die Stadt von West nach Ost. Er ist 10,4 km lang und über 100 Jahre alt. Früher transportierten die Schiffe auf ihm Waren, heute Touristen. Menschen flanieren am Ufer. Menschen stürzen hinein.

Der Kanal spiegelt die Umgebung, Dich selbst, die Geschichte und die Jetztzeit.

Typografisches Textbuch mit literarischen, zeitgeschichtlichen, journalistischen, wahren und unwahren Texten. Und ein Leporello mit Bild-Textcollagen, so lang wie der Kanal.

Ein Buch und ein Leperello

Birgit Metzger

柏林的护城运河自西向东贯穿着城市。它全长10.4 公里，并且有100多年的历史。以前是作为船只运输货物使用，而今天，河岸成为旅游者休闲漫步的好地方。

这条运河映射着周围的环境，以及它所在的这座城市，它记载了过去，也承载着现在。这本册子配有各种文学性、历史性、新闻性，或真实或虚构的文本。同时还附有一份图文的长卷画，就如同这条运河一样。

一本带有折页的书籍

比尔吉特·墨子克

Hilflose Schwangere begeht Verzweiflungstat
„Soll er sehn wie er mit sein Mord auf
Ich, Paul
Piperkar
Spree-Comtess
M.S. Pauline
MS Prenzlauer
ALLES LÜJE !
Gegendarstellung zum Abschiedsbrief der Pauline Pi

6
der
mehringplatz ist
matsch und rund und häuser, die
architektur sein sollen, der himmel fällt
von der hochbahn in den kanal und durch-
weicht die turnschuhe, vorne läuft der kleine bayer durch alten schnee auf die mauer zu: haftprüfung,
die kochstraße. wenig menschen und dumme straßen am
checkpoint charlie, k. wird an die murkligen ödemose vor
moabit erinnert, gericht, immer regen und immer dezember,
in den gesichtern der einzelnen leute zäune mit umgebo-
genen spitzen, stacheldraht und über den glatten uralten
mauern baumeln beine und arme aus gittern, rumpflos in
die lehrter straße, eine rolle klopapier, ein schwelendes
laken bedeutet bunker, isolation in der gruft, das rufen im regen ist rauh, du stehst davor, du gehst
wieder, noch denkst du, ein jahr na und, k.
hat den bayer eingeholt. Aus Michael
Hallesches Tor

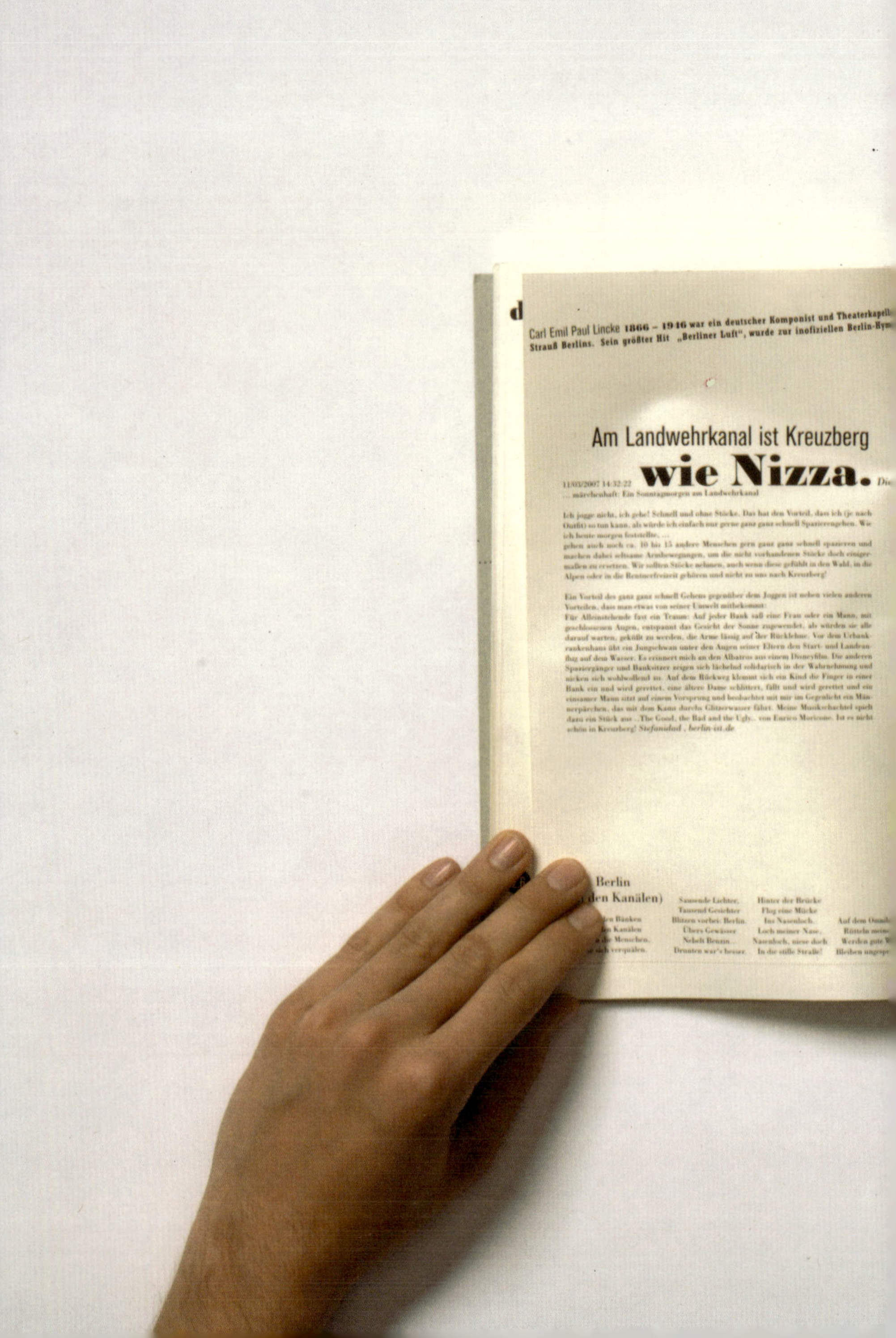
Carl Emil Paul Lincke 1866 – 1946 war ein deutscher Komponist und
Strauß Berlins. Sein größter Hit „Berliner Luft", wurde zur inofiziellen
Am Landwehrkanal ist Kreuzberg
wie Nizza.
11/03/2007 14:32:22

MÄRZ

Urbanhafen 1908

Der Kanal hat Fischkähne auf seinem Rücken.

1919

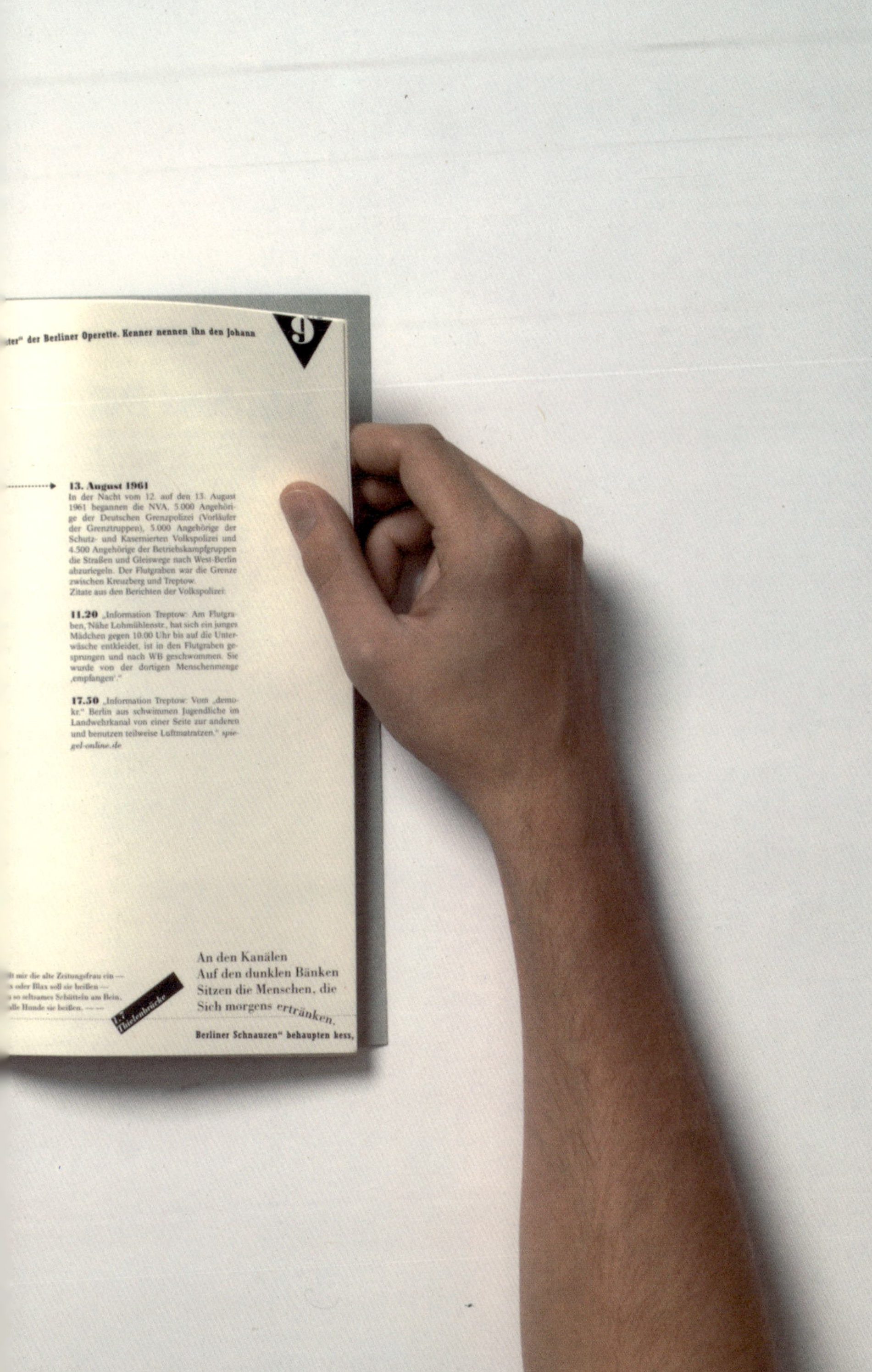
der Berliner Operette. Kenner nennen ihn den Johann
9
13. August 1961
In der Nacht vom 12. auf den 13. August 1961 begannen die NVA, 5.000 Angehörige der Deutschen Grenzpolizei (Vorläufer der Grenztruppen), 5.000 Angehörige der Schutz- und Kasernierten Volkspolizei und 4.500 Angehörige der Betriebskampfgruppen die Straßen und Gleiswege nach West-Berlin abzuriegeln. Der Flutgraben war die Grenze zwischen Kreuzberg und Treptow.
Zitate aus den Berichten der Volkspolizei:
11.20 „Information Treptow: Am Flutgraben, Nähe Lohmühlenstr., hat sich ein junges Mädchen gegen 10.00 Uhr bis auf die Unterwäsche entkleidet, ist in den Flutgraben gesprungen und nach WB geschwommen. Sie wurde von der dortigen Menschenmenge ‚empfangen'."
17.50 „Information Treptow: Vom ‚demokr.' Berlin aus schwimmen Jugendliche im Landwehrkanal von einer Seite zur anderen und benutzen teilweise Luftmatratzen." spiegel-online.de
mir die alte Zeitungsfrau ein —
oder Blax soll sie heißen —
so seltsames Schütteln am Bein,
Hunde sie beißen. — —
Thielenbrücke
An den Kanälen
Auf den dunklen Bänken
Sitzen die Menschen, die
Sich morgens ertränken.
Berliner Schnauzen" behaupten kess,

DEN
Der Kanal hat eine Wasserleiche m Herzen.
+ K. Liebknecht

schwimmt
Berlin
(An den Kanälen)
Auf den Bänken
An den Kanälen
Sitzen die Menschen,
Die sich verquälen.

da fällt mir die alte Zeitungsfrau ein

VANPLIX o. BLAX

soll sie heißen

EPIRÄNKEN.

Rehfeld-Klein das Telefon. Der Wasserwirtschafts-Experte von der Senatsverwaltung für Stadtentwicklung musste ständig Alarmeldungen von Anwohnern, Polizei und Feuerwehr hören: Wieder tausend

tote

Hechte im Wasser! Seit dem Wochenende treiben vielerorts tote Bleie, Plötzen und Barsche im Wasser

- am Spreeufer in Charlottenburg, am Landwehrkanal in Tiergarten und Kreuzberg. Den Fischen fehlte der Sauerstoff.

mussten gestern Kadaver aus dem Wasser geholt werden. Die Senatsverwaltung setzte am Montag ihr Belüftungsschiff „Rudolf Kloos" ein, das stündlich das Wasser mit 200 Kilo Sauerstoff anreichern kann. An

Der Kanal hat seinen Schatten verschluckt.

von Günter Bruno Fuchs.

Luft

bearbeiten den nächsten Tagen ständig unterwegs sein, um Fische zu retten, vermutlich auch am Wochenende. In diesem Jahr soll das Schiff Leichnam von einer Schiffsschraube erfasst. Einiges deute darauf hin, dass die Beine von einem Mann stammen, so die Polizei am

1

Die hat so ein seltsames Schüttelm am Bein, daß alle Hunde sie beißen. –

An den Kanälen

Auf den dunklen Bänken

Sitzen die Menschen, die

Sich morgens

Ach,

Sausende Lichter,
Tausend Gesichter
Blitzen vorbei: Berlin.
Übers Gewässer
Nebelt Benzin...
Das Herz ist das Schauhaus.

Hinter der Brücke
Flog eine Mücke
Ins Nasenloch.
Loch meiner Nase,
Nasenloch, niese d
In die stille Straße'

Drunten war's bess

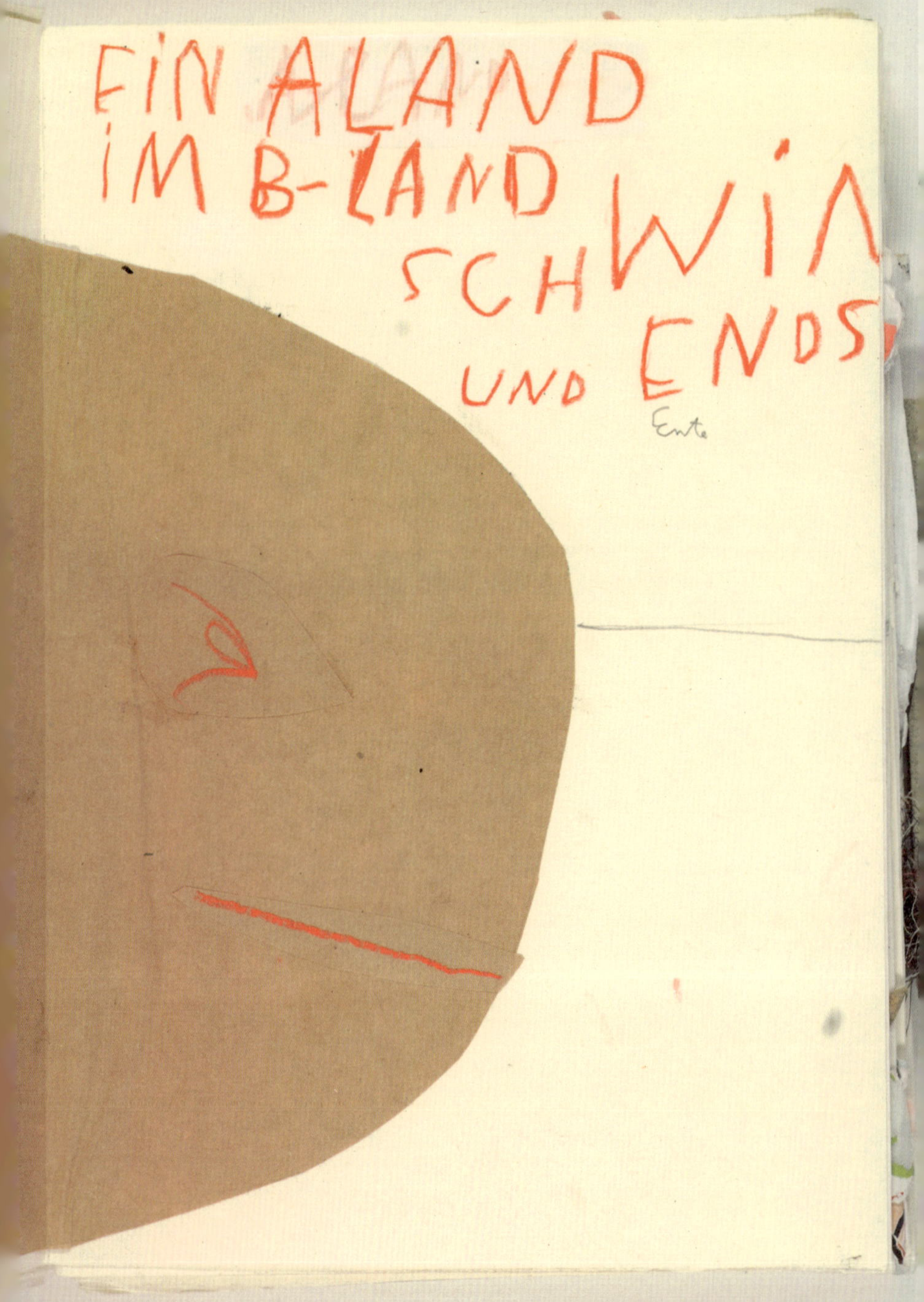

EIN ALAND
IM B-LAND
SCHWIN
UND ENDS

Ente

Vom U-Bahnhof Schlesisches Tor bis zur Oberbaumbrücke. Gelmt wurden der Autoverkehr an der Kreuzung, die Passanten an der Ampel, die U-Bahn-Züge auf der Hochbahntrasse, Leute an einem Imbiss und Fahrradfahrer. Interessant dabei war der Kontrast der verschiedenen Geschwindigkeiten der einzelnen Szenen. Ein Gefühl von geordnetem Chaos stellte sich ein.

Eine audiovisuelle Collage

Lin Shushen, Zhou Lijun

Schlesisches Tor地铁站周边所独有的历史底蕴以及不同族群在这里交汇融合的特点，赋予了这个地区丰富的人文风貌。作者选取了从地铁站到人桥这一路线，通过5段DV截取十字路口穿梭交汇的汽车、红绿灯前等待通行的行人、不时呼啸而过的U线列车、咖啡店前短暂停留的游客、频繁穿梭其中的单车等不同城市元素的移动轨迹，着重关注速度的对比反差，感受看似凌乱实则井井有条的生活状态，从而抽象地表达作者对柏林城市脉搏的主观感受。

作者在这一实验性作品中使用了“多截面”的表现方式，即在保留每一局部的相对性、独立性、完整性和功能性的同时，通过拼贴手法使之有机组合成为一个整体，空间的相互穿插和不均衡的构图安排形成画面强烈的动感。

数码动画影像

林澍深，周立均

Schlesische Strasse Ecke Skalizer Straße in Berlin Kreuzberg. Runde Minipizza ab ein euro täglich, rund um die Uhr

在柏林Kreuzberg区Schlesische街与Skalizer街交汇的街角有一间小店，每天24小时供应一欧元的迷你比萨。

Fotoserie

摄影系列

Lena Roob

莉娜·罗布

PIZZA • PASTA • SALATE • FLEISCH- & FISCHGERICHTE • SUPPEN
RUNDE MINI-PIZZA AB 1,-
OMELETTE • REIS • DESSERTS • PARTY-SERVICE
Lieferservice
Oppelner Straße
freundeskreis
clueso
boundzound
miss platnum
01 09 07

Oppelner Straße
Schlesische Straße

Schlesische Straße

U
Oppelner Straße
Schlesische Straße
BECKS

Sunset

Im Treptower Park befindet sich das 1949 fertig gestellte Ehrenmal für die gefallenen sowjetischen Soldaten: die Anlage erzählt von der Vergangenheit, dem 2.Weltkrieg, dem Widerstand, der Befreiung Russlands vom faschistischen Invasor...
Hier flanieren neugierige Touristen, lokkere Spaziergänger, wird bei schönem Wetter sonnengebadet. Und es kommen Delegationen aus den Ländern der ehemaligen UdSSR, auch offizielle Vertreter der russischen Botschaft, die den unter dem Denkmal gefallenen Soldaten ihre Ehre erweisen. Zwei Welten, die sehr gegensätzlich sind und doch untrennbar.

Ein Buchprojekt

Julienne Jattiot

在Treptower公园里树立着一座为纪念前苏联牺牲士兵于1949年建成的纪念碑：在纪念碑上记叙了二战爆发、抵抗运动，乃至前苏联从纳粹魔爪中解放等历史。

天气好的时候，观光游客、休闲地散步者，以及当地居民也都会在此享受日光浴。同时，来此祭奠的前苏联加盟共和国代表团，以及俄罗斯大使馆的官方代表，又提示着人们：那些长眠于此的士兵，他们的精神永存。

书籍

尤丽纳・雅蒂欧特

Als ich in Berlin ankam, war ich begeistert vom blauen Himmel, der frischen Luft und vom modernen Personennahverkehr der Stadt, der bezeugt, dass die Deutschen gute Konstrukteure aller Arten von Maschinen sind, und auch darin talentiert sind diese zu bedienen.
Ohne den Besuch des Sowjetischen Mahnmals im Treptower Park hätte ich mir nicht die Grausamkeiten des zweiten Weltkrieges vorstellen können, der die Stadt zerstört und zu Grabe getragen hat. Seitdem haben die Berliner ihre Stadt wieder aufgebaut. Am Wochenende bringen sie ihre Familien in den Treptower Park zum spazieren und grillen.
Meine Arbeit zeigt Krieg und das Ehrendenkmal als einen Kontrast. Sie ist interaktiv, mit einem Mausklick kann der Besucher die Kriegsperspektive mit dem Ton eines Pistolenschusses kombinieren. Die Arbeit zeigt die Grausamkeit des Krieges auf.
Die zweite Animation zeigt zuerst das sonntäglich-heitere Foto einer Besuchergruppe unter einem bewaffneten steinernen Soldat des Mahnmals. Bewegt man die Computermaus, zerbricht das Bild in Einzelteile und enthüllt die grauenhafte Szenerie des Häuserkampfs in der Stadt.

Interaktive Animation

Wang Yuhe

刚到柏林，就被它蔚蓝的天空和清新的空气所感染。更惊讶城市的低调和现代化，柏林作为德国的首都，“二战”后被完全摧毁的城市，很少见到高楼大厦，而是干净的街道和五到六层的民宅。轨道城市交通展示着德国高度的现代化和工业化。

但是，历史对柏林的影响还是在这座美丽的城市留下了疮疤。到德国的第三天，德国的教授亲自开车在一个下着阵雨的阴天带着我们到了纪念公园——一个为了纪念前苏联军队攻打柏林时阵亡的5000士兵而设计的公园。公园是典型的苏式风格，轴线对称的设计，显得庄严和大气，在尽头的一个高台上浇铸了一个手抱德国婴儿的前苏联士兵雕像。

为了做课题，我特意选了一个周末的时候再次来到了纪念公园。在德国，只要是假期，是没有人工作的，包括一些零售的商店。今天的公园和我们上次来的不同，多了许多游客。有散步的情侣，有推婴儿车的男人，有溜狗的小女孩，有骑单车的男生，还有在草地上晒太阳和烧烤的全家人。

战争与和平，历史与现代，新生与死亡都在这里凝固了。为了反映这种对比和冲突，我用flash软件加入了两张图片，分为上下两个层，底下一层是一张黑白的照片，一个在柏林战争中死亡的德国士兵的特写。上面一层是一张饱和度很高的彩照，在持枪士兵雕像下，一群休闲的游客休憩在石台上。当鼠标移动到照片上时，所到之处上层的照片就会分裂，露出下层的照片。

互动数码动画

王宇和

1941 - 1945

1941 - 1945

1941 - 1945

1941 - 194

Ein Tag von Fräulein Schneider aus der Oderberger Straße in Berlin.
Impressionen einer einzelnen Frau - aus der Perspektive ihres Alltags im Frisiersalon- im Szenebezirk Prenzlauer Berg, der Millionenstadt Berlin.
Der zeichnerische Versuch, einen Tag den Tag eines anderen Berliners zu leben. Einer von vielen.

Buch

Jenny Brosinski

作品纪录了柏林Oderberger大街上一间发廊“裁缝小姐”的一天。通过由发廊中唯一女士的一天工作情景，展现了这个在大都市柏林的Prenzlauer Berg 街区的生活场景。

作品中尝试以手绘的方式，去经历体验一位柏林人的一天，进而由小见大。

书籍

燕妮·布罗

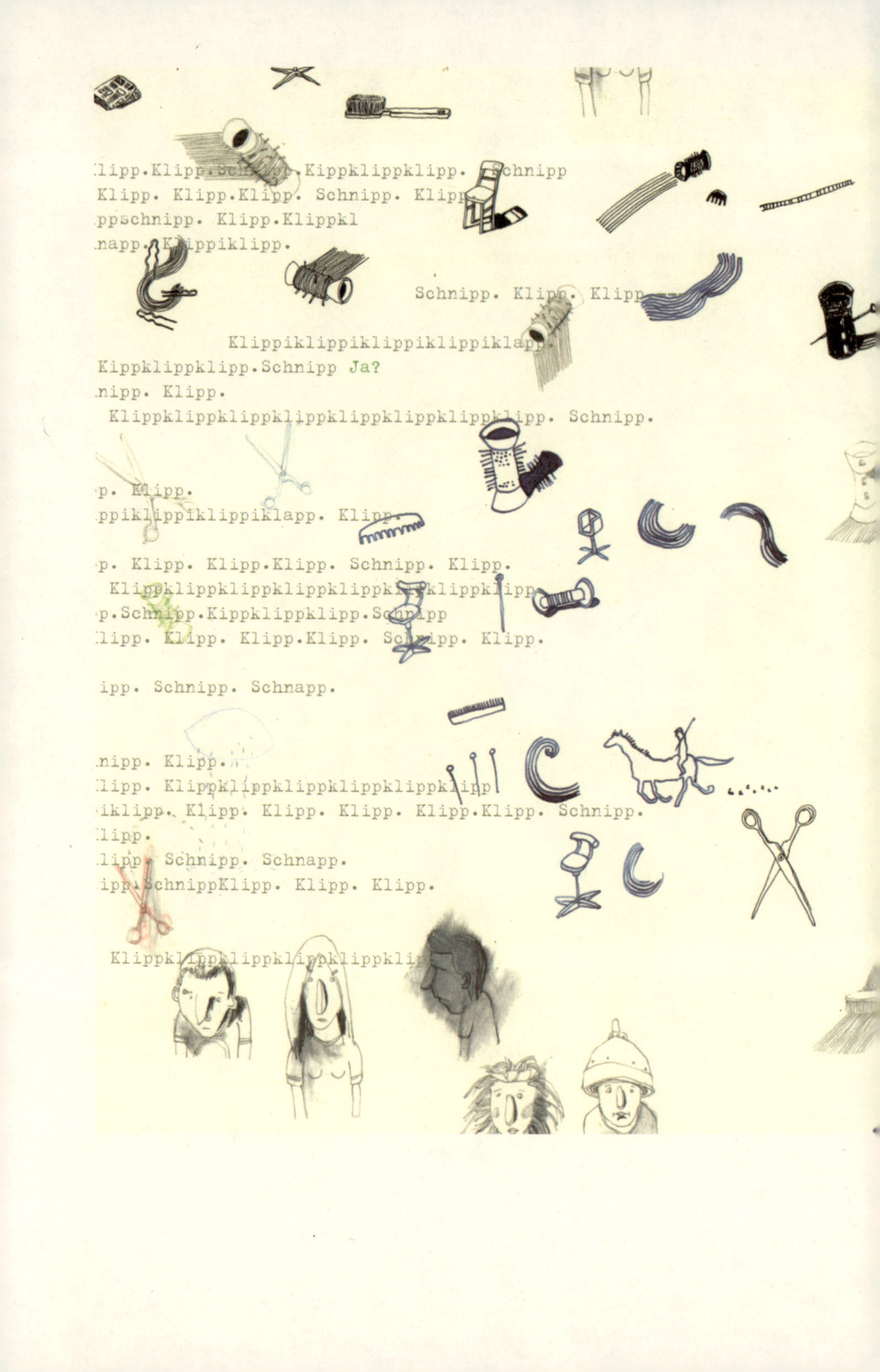

lipp.Klipp.Schnipp.Kippklippklipp. Schnipp
Klipp. Klipp.Klipp. Schnipp. Klipp
ppschnipp. Klipp.Klippkl
napp. Klippiklipp.
Schnipp. Klipp. Klipp
Klippiklippiklippiklippiklapp.
Kippklippklipp.Schnipp Ja?
nipp. Klipp.
Klippklippklippklippklippklippklippklipp. Schnipp.
p. Klipp.
ppiklippiklippiklapp. Klipp.
p. Klipp. Klipp.Klipp. Schnipp. Klipp.
Klippklippklippklippklippklippklippklipp
p.Schnipp.Kippklippklipp.Schnipp
lipp. Klipp. Klipp.Klipp. Schnipp. Klipp.
ipp. Schnipp. Schnapp.
nipp. Klipp.
lipp. Klippklippklippklippklippklipp
iklipp. Klipp. Klipp. Klipp. Klipp.Klipp. Schnipp.
lipp.
lipp. Schnipp. Schnapp.
ipp.SchnippKlipp. Klipp. Klipp.
Klippklippklippklippklippklip

Ja?
Ist das zu heiss?

Feuerwache Berlin Prenzlauer Berg

ΚΑΦΕΝΕΙΌΝ
ΤΑΒΈΡΝΑ
De Fietsfabriek®
FEU
"OMEN"
SUSHI BAR Ky
Oderquelle
spirit of anatta
BECK'S
ROSTKAFFEE
Sarah
isot Eis
Eisstübchen
Madlen
Bild
Oderber
Kiosk
Indian Village
Auto-
Kiezkantine
SCULPT
Rote
Razzia in Budapest
Siam
NaanLotte
teigwaren
SKIPPIES

1= 6RO
2= 12GN
3= 7N/NN
4 = 6 KG
5 = 11GB
6 = BLOND CREAM

7= 7RR
8= 6GB
9= 7 KB

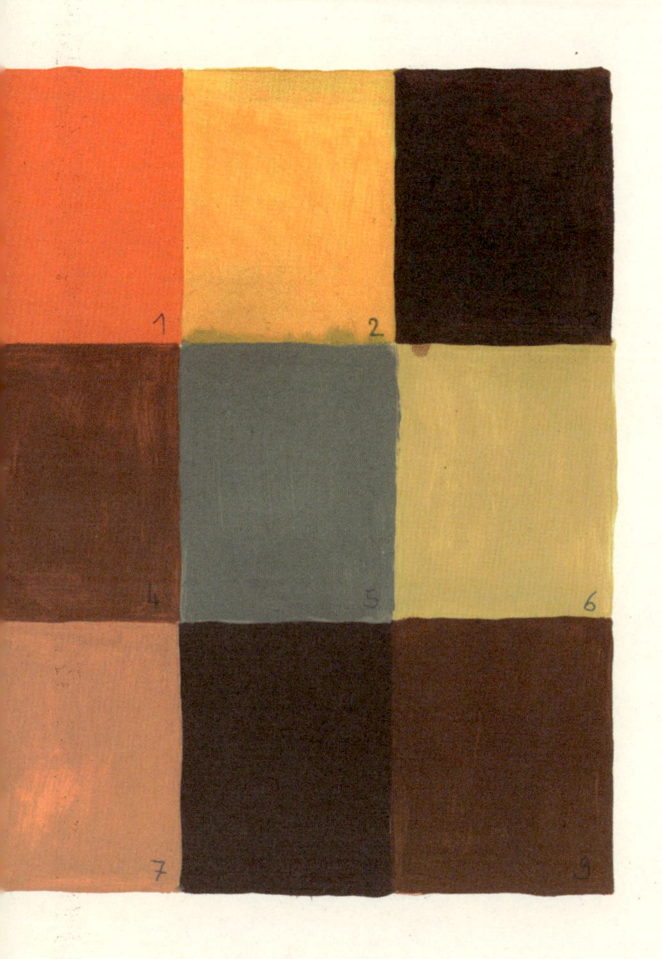
1
2
4
5
6
7
9

Auf Besuch im Frisiersalon
„Fräulein Schneider",
eine eigene, kleine Welt
im Berliner Szenebezirk
Prenzlauer Berg.

Einblicke durch die
scherenscharfen Augen
des Fräulein S..

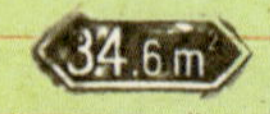

9779620-4
as D 12

OSTKREUZ
BAHNSTEIG E

KIOSK

Vier Bahnsteige, eine Fußgängerbrücke. Drei Wurststände, zwei Kioskbuden, ein Klo. Jeden Tag 100.000 Menschen.

Eine Bestandsaufnahme des S-Bahnhofs Ostkreuz: wie er war, wie er gerade noch ist und wie er bald nicht mehr sein wird.

Ein Buch

Julius Burchard
Texte: Sophie Diesselhorst

四个站台，一座人行天桥， 三间香肠快餐店，两个售货亭，一个厕所，每天100,000人的流量。

城市轻轨站－东交站作为一座交通枢纽，它过去是怎么样，它现在如何，以及它将来又会是怎么样。

一本独特的横开书。

摄影与排版：朱利叶斯·伯查德
文本：索菲娅· 迪塞尔霍斯特

Das Klohäuschen am Ostkreuz ist gut versteckt. Hinter der Treppe, die von der Fußgängerbrücke auf Bahnsteig D hinunterführt, liegt es. Ein unscheinbares weißes Steinhäuschen. Am Schild „WC“ ist eine Lichterkette befestigt – ein Relikt aus der Weihnachtszeit. Wenn man die Tür öffnet, erschallt eine lauter Gong: Das Zeichen für Ernas Auftritt.
„Guten Tag junger Mann, na, auch mal wieder da?“
50 Cent muss der Klobesucher nach getanem Geschäft an Erna entrichten, in den Taschen ihres blau-weiß gestreiften Kittels klimpert das Kleingeld. Es sind nur fünf Euro, heute ist ein schlechter Tag. 3,50 Euro die Stunde verdient Erna – gesetzt den Fall, dass genügend Leute bei ihr aufs Klo gehen. Die ersten vier Euro der Tageseinnahmen gehen immer an den Chef, vom Rest darf sie sich ihren Lohn nehmen. Klopapier, Seife und Reinigungsmittel muss sie von ihrem eigenen Geld bezahlen.

75

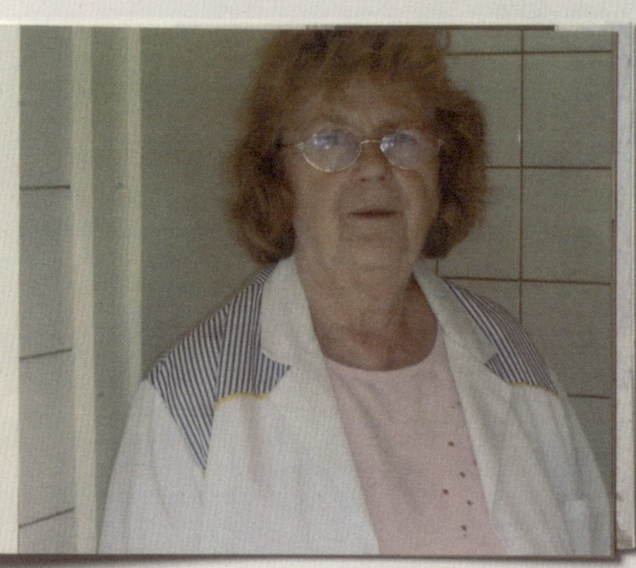

Eine junge Birke wiegt sich zwischen den verrosteten Schienen im Wind. Ein Silberpappelwäldchen versperrt die Aussicht auf die unten vorbeifahrende Bahn Richtung Warschauer Straße.

97

Der Rosa-Luxemburg-Platz in Berlin-Mitte ist mit dem „Volksbühne" Theater, dem Babylon Kino und dem Rosa-Luxemburg-Denkmal von Hans Haacke, einer der interessantesten Orte für Touristen, die sich für die deutsche Geschichte interessieren. Zitate aus Reden und privaten Briefen der von einer reaktionären Soldateska 1919 ermordeten Kommunistin Rosa Luxemburgs sind hier auf Stahlplatten in den Boden der Bürgersteige und Straßen des Platzes eingelassen.

Ein Schuber mit Fotos und einer Auswahl von Texten

Manuel Alejandro Navarro

罗莎·卢森堡广场位于柏林市中心的人民剧院与巴比伦戏院以及汉斯·哈克(Hans Haacke)的罗莎·卢森堡纪念碑附近，这对于那些对德国历史感兴趣的外国游客来说，这里绝对会是一个最有意思的地方。女共产党员罗莎·卢森堡的名言与演讲以及私人信件被“留”在了人行道的钢板上，1919年就在这里她被一名反动士兵所杀害了。

一份套装书籍，其中配有相片以及一些节选的文字

马努埃尔·亚历杭德罗·纳瓦罗

注：罗莎·卢森堡（ Rosa Luxemburg, 1870年3月5日 – 1919年1月15日 ）是德国马克思主义政治家、社会哲学家及革命家，德国共产党的奠基人之一。

出生于俄国占领下的波兰犹太人家庭，她原是波兰王国社会民主党的理论家。1898年移居德国柏林，并加入德国社会民主党(SPD)，是党内的社会民主理论家，之后为德国独立社会民主党(USPD)。

在第一次世界大战期间，她和卡尔·李卜克内西(Karl Liebknecht)一同与社民党内以艾伯特为代表的右倾势力坚决斗争，1915–1918年被多次关押。

罗莎·卢森堡起初为红旗报工作，并合作成立马克思主义革命团体“斯巴达克同盟(Spartakusbund)” 该组织后转为德国共产党。罗莎·卢森堡起草了德国共产党党纲，并参加斯巴达克同盟在1919年1月柏林起义，但未成功，罗莎与其他数百位起义人士被逮捕，遭到严刑拷打并被杀害。

目前德国提供以她为名的左派政党奖学金。

HOSTEL
Rosa-Lux

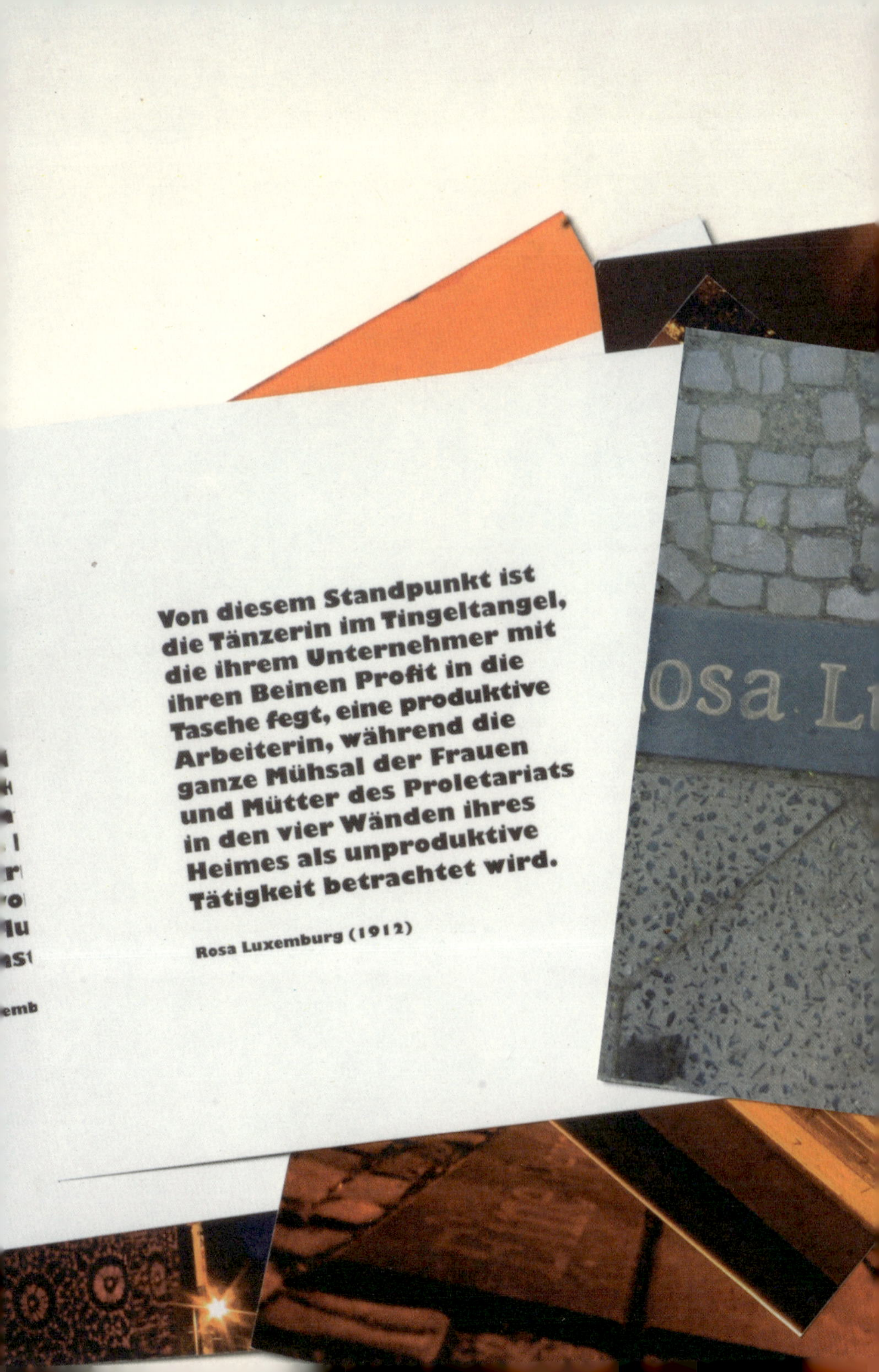
Von diesem Standpunkt ist
die Tänzerin im Tingeltangel,
die ihrem Unternehmer mit
ihren Beinen Profit in die
Tasche fegt, eine produktive
Arbeiterin, während die
ganze Mühsal der Frauen
und Mütter des Proletariats
in den vier Wänden ihres
Heimes als unproduktive
Tätigkeit betrachtet wird.
Rosa Luxemburg (1912)

xemburg (189

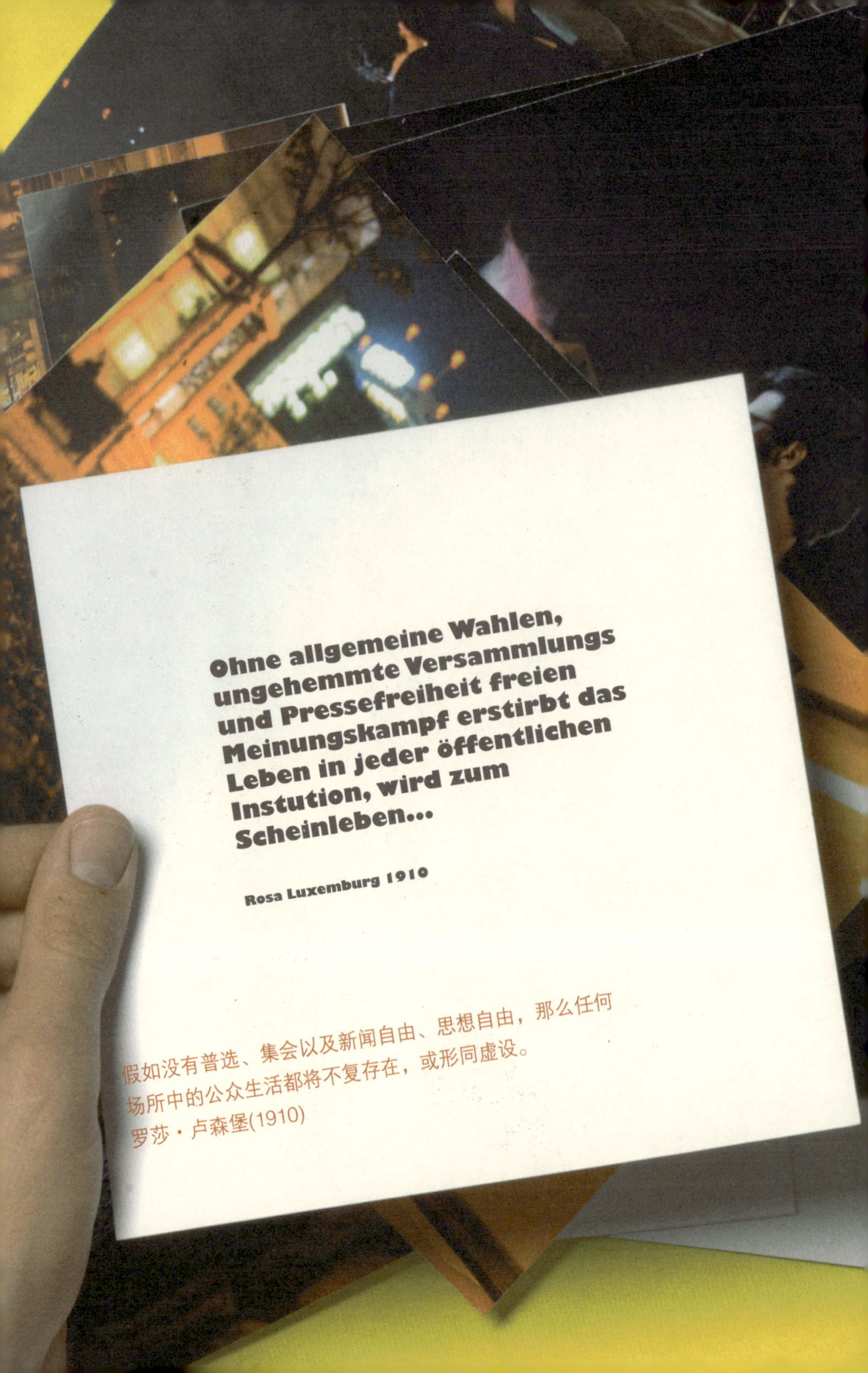
Ohne allgemeine Wahlen, ungehemmte Versammlungs und Pressefreiheit freien Meinungskampf erstirbt das Leben in jeder öffentlichen Instution, wird zum Scheinleben...
Rosa Luxemburg 1910
假如没有普选、集会以及新闻自由、思想自由，那么任何场所中的公众生活都将不复存在，或形同虚设。
罗莎·卢森堡(1910)

Die Friedrichstraße führt vom Mehringplatz in Kreuzberg über den Checkpoint Charlie, die Linden, vorbei am Bahnhof Friedrichstraße, dem Tränenpalast, über die Weidendammer Brücke, die Spree, und mündet am Oranienburger Tor in die Chausseestraße. Auf den Spuren ihrer wechselvollen Geschichte trifft man ungewöhnliche Menschen, die die Friedrichstraße zur Passage ihres Lebens und Schaffens machten: Heinrich Heine, Theodor Fontane, Emilie Rouanet-Kummer, Kurt Tucholsky, Hildegard Knef, Walter Benjamin, Claire Waldoff, Bertolt Brecht, Helene Weigel, Charles Chaplin, Marlene Dietrich, ... So ist diese Straße zu einem einmaligen Schauplatz der Moderne geworden.

Lesebuch mit historischen und literarischen Beiträgen (Gesammelte Werke)
Leporello mit Illustrationen zur Friedrichstraße (Panorama)

Natalie Herlinghaus

腓特烈大街是由克罗兹堡区的梅林广场横跨查理检查站、菩提树下大街，经过腓特烈大街火车站前、泪之宫，横跨威登达姆桥、施普雷河，并通过奥郎宁堡门流至乔季街（Chausseestraße)。在它多变的历史痕迹中，人们总能在此遇见一些非同寻常的人物，腓特烈大街是您生活和事业成功的通道：海涅，特奥多尔·冯塔纳，埃米莉·罗安妮特·屈梅尔，库尔特·图霍夫斯基，克内夫·希尔德加德，瓦尔特·本雅明，克莱尔·沃尔多夫，布莱希特·贝托尔特，海伦娜·瓦伊格尔，查里·卓别林，玛莲娜·迪特里茜……这就是腓特烈大街，一个摩登时代独一无二的舞台。

读本（部分）为历史和文学上的文献
长卷（部分）为腓特烈大街插图（全景）

娜塔莉·赫特林豪丝

104

FRIEDRICHSTRASSE
Poetische Passagen
138
156
135
96
145
144
102

Bei meinem Entwurf für das Hochhaus am Friedrichsbahnhof in Berlin, für das ein dreieckiger Bauplatz zur Verfügung stand, schien mir für diesen Bau eine dem Dreieck angepaßte prismatische Form die richtige Lösung zu sein, und ich winkelte die einzelnen Frontflächen leicht gegeneinander, um der Gefahr der toten Wirkung auszuweichen, die sich oft bei der Verwendung von Glas in großen Flächen ergibt.
LUDWIG MIES VAN DER ROHE
Ideenwettbewerb
Hochhaus am Bhf. Friedrichstrasse, 1921
Bhf. Friedrichstraße | S.40
ENTWURF. VAN DER ROHE. 1921
CHARLES CHAPLIN. 1931

der Theater-
Dresden und
Mai in Chemnitz
Woche der Betrieb
Weimar u. feiern
Theater am Schiffbauerdam
Der Sensationserfolg der neuen
Täglich
8 Uhr
Die Dreigroschen
Harald Paulsen
Kurt Gerron
Rosa Valetti
Kate Kühl
Regie: Erich Engel
Gedicht, 1965

150
Tchibo

149
WINTERGARTEN DES CENTRAL-HOTELS, 1880
BUTLERS

UNTER DEN LINDEN

Die Lindenpassage oder «Kaisergalerie«

Der zweifellos prunkvollste und aufsehenerregendste Bau in der Friedrichstraße jedoch war die »Kaisergalerie«.In anderen europäischen Metropolen gab es sie schon früher: die Passage als großstädtischen Durchgang. Da Berlin nicht nur eine große Stadt, sondern Großstadt sein wollte, durfte sie nicht fehlen. »Auf dem Wege besahen wir schon einige von den mit Glas bedeckten Passagen, die höchst elegant und bequem eingerichtet sind, auch das Palais Royal«, hatte Karl Friedrich Schinkel bereits 1826 nach seiner Ankunft in Paris in seinem Tagebuch notiert. Zwar machte er sich kurz darauf an die Entwicklung entsprechender Pläne auch für Berlin, doch bauen durfte er sie nicht.

Mehr als vierzig Jahre später nahm der Bankier Aron Hirsch Heymann die Umsetzung in die Hand. Sein »Geschäfts-Lokal« lag Unter den Linden 23, zwei Hausnummern vom Café Kranzler entfernt. Heymann berief noch vor Ablauf des Jahres 1869 ein »Comité« zur Realisierung seiner Idee ein, die Linden mit der Behrenstraße durch eine Passage zu verbinden. »Diese ›Gründung‹ verdankt ihre Entstehung nicht gewinnsüchtiger Absicht, sondern dem patriotischen Bestreben, Berlin um eine neue großartige Einrichtung, um ein architektonisches Kunstwerk mehr zu bereichern.«

Theodor Fontane berichtet zu eben dieser Zeit aus dem fernen Italien weniger euphorisch: »Nach einer unerläßlichen Säuberung und Einnahme des Soupers ... ging ich in die Stadt und sah den Dom, den Scala-Platz mit seinem gleichnamigen Theater ... und die neuerdings so berühmt gewordenen ›Galeria Vittorio Emanuele‹, das Vorbild zu unserer ›Passage‹, die daneben allerdings zu einem bloßen Gäschen zusammenschrumpft. Überhaupt welche Stadt! Oh, Berlin wie weit bist du von einer wirklichen Hauptstadt des Deutschen Reiches! Du bist durch politische Verhältnisse dazu geworden, aber nicht durch dich selbst. Wirst es, nach dieser Seite hin, auch noch lange nicht werden. Vielleicht fehlen die Mittel, gewiß die Gesinnung.«

Fontane sparte nicht an Spott über die erste Passag[e] zwischen der Friedrich-/Ecke Behrenstraße und de[n]

»Gäßchen« nannte er sie, obschon immerhin knapp acht Meter breit und 128 Meter lang. Der Autor Rober Springer meinte, »eine köstliche Copie der berühmten Mailänder Passage« in der »deutschen Kaiserstadt« loben zu können.

Um die Passage in der modernen Städtebaulösung endgültig zu etablieren, hatte sich im März 1870 ein eigener Aktienbauverein »Passage« gegründet. Nach Entwürfen von Walter Kyllmann und Adolf Heyden, einer erfolgreichen Architektenassoziation ihrer Zeit, begannen die Bauarbeiten 1869. Zu diesem Zweck waren gleich mehrere Grundstücke gekauft und zusammengelegt worden: Unter den Linden 22/23, Behrenstraße 50/52 und Friedrichstraße 163/164. Ein großer Torbogen Ecke Friedrichstraße/Behrenstraße zog die Aufmerksamkeit auf sich und lockte die Passanten in die Galerie, Richtung Linden.

Die Passagenecke nicht spitzwinklig zu bauen, sondern abgeschrägt zu betonen, förderte ihre Wirkung ganz entscheidend. Ein Glasdach überspannte das dreigeschossige

156

EGON ERWIN KISCH
Die Lindenpassage
1873 eröffnet
Friedrichstr. 156

...NAHM... ...ERGALERIE, 1895

Der Hackesche Markt in der Mitte Berlins ist einer der meistbesuchten touristischen Plätze Berlins. Er lebt Tag und Nacht.

Ein originales Buchprojekt

Liu Shiwen

哈克集市广场曾经是柏林中心的犹太人区,至今还保留19世纪早期新工艺运动时期风格的街区建筑,现在这里是柏林的年轻人与游客的聚集点,有很多酒吧、餐厅、时尚商店、画廊、剧院等文化设施。而它生活在日夜交复中……

一本原创书籍。

刘诗文

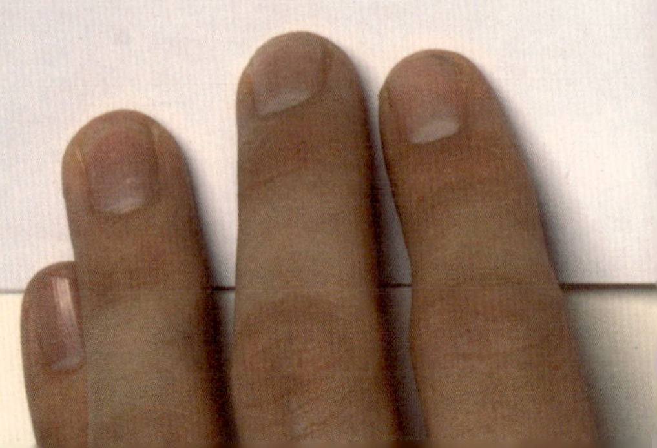

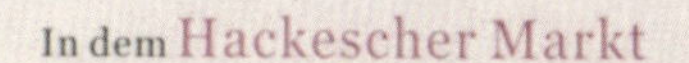

hab ich die Passanten gesehen
die Straßenmusiker gesehen
die verletzten Tauben geshen
...

hab ich die Neugier gesehen
die Technik des Lebens gesehen
das Warten gesehen
die Liebe geshen
...

Ich hab mich nicht gesehen

09. 07. 2007

??? ?

19

Warum denn?

Noch Flügel

20
Frag die Taube

Du bist hier gekommen,
ich bin in die Nacht gegangen.
31
Gute Nacht!
und hin

Der achte Tag

Überall kleine Werbezettel an den Straßenmasten, Graffitis auf den Wänden der Gebäude, und sogar in den Toiletten der Kunsthochschule...
Informationen zwischen Privatpersonen scheinen hier schnell und erfolgreich vermittelt zu werden. Und die Graffitikunst wird anscheinend akzeptiert. Und dann gibt es noch den Fernsehturm am Alexanderplatz. An ihm möchte ich die von mir gesammelten Werbezettel anbringen.

Audiovisuelle Animation

Huang He

我对柏林印象最深的是四处可见的小招贴画和涂鸦。无论是在建筑物表面、马路的电灯柱上，还是学校里的马桶，到处可以见到个体信息的放肆传达。因此我把这些收集来的信息放到柏林电视塔上，表达公共与个体、大众媒体与私人信息的对照。

数码动画

黄河

Der Reichstag ist nicht nur eine Touristenattraktion, sondern vor allem das Parlament, der Ort an dem politische Entscheidungen für das Land getroffen werden. Das Buch „Dem Deutschen Volke - Vom Ort der großen Gesten" stellt eine Sammlung von sich wiederholenden Gesten unserer Politiker dar, um das dieses Ortes einmal zu entlarven.

Buchobjekt

Anna Berger

国会大厦不仅仅是一个旅游胜地，而且是对这个国家做出政治决策的地方。为了揭露此处实为“高谈阔论之地”，“德意志人民–雄姿之地”这本书收集展现了一组政客不断重复自己动作的资料。

书籍

安娜·贝格尔

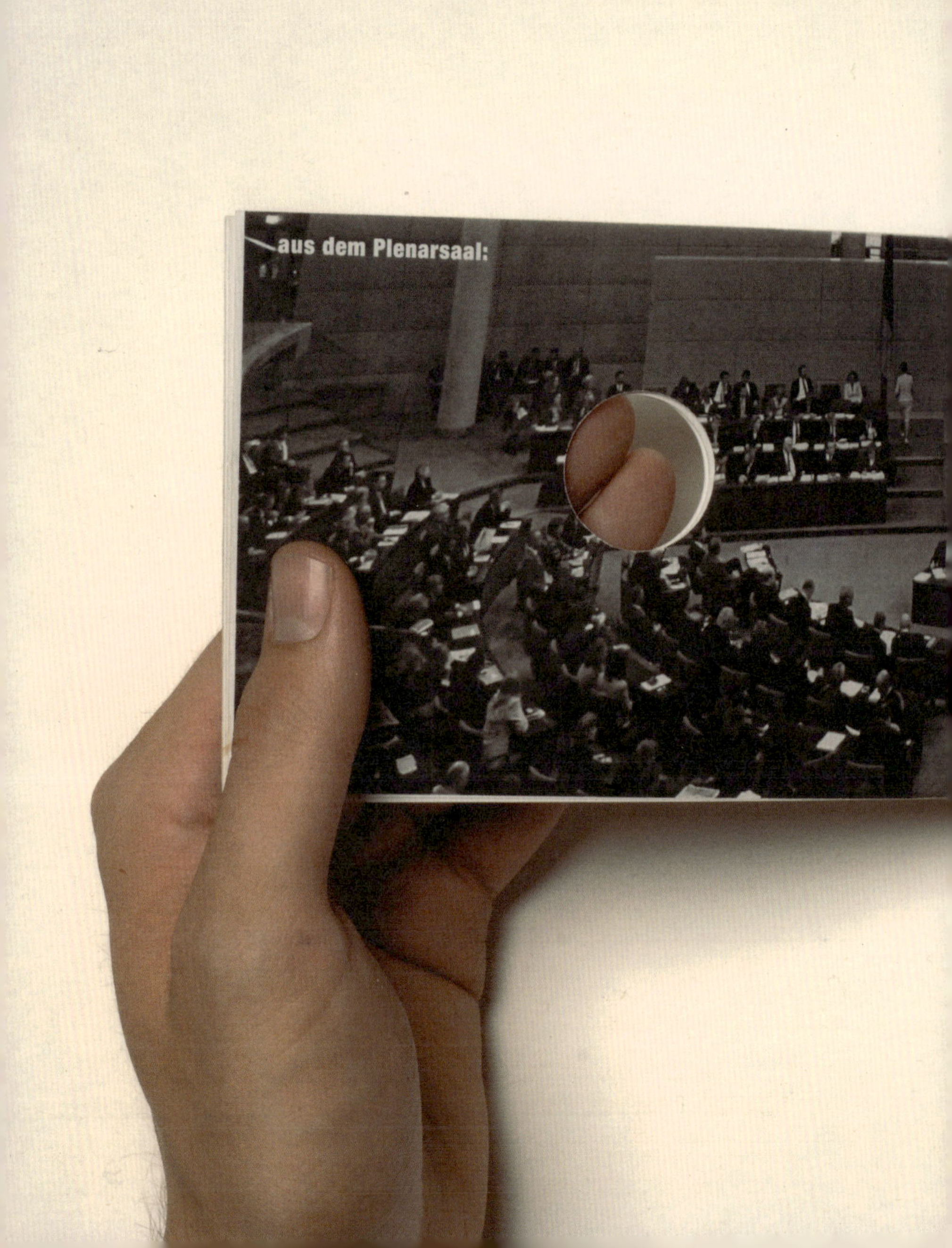
aus dem Plenarsaal:

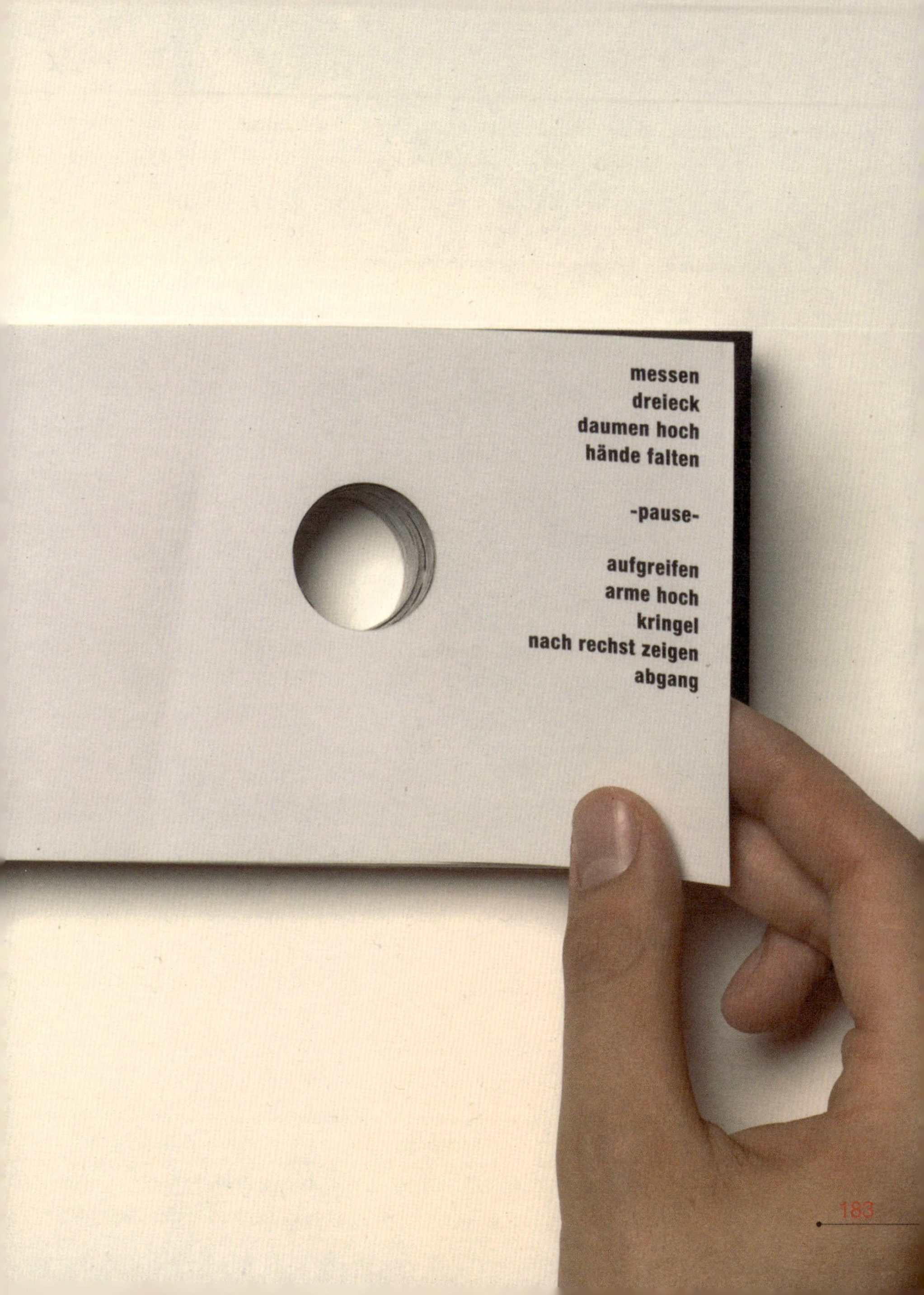
messen
dreieck
daumen hoch
hände falten
-pause-
aufgreifen
arme hoch
kringel
nach rechst zeigen
abgang

“感谢上帝”

„deutsche Bevölkerung“

ung: De tärken, 17.03.05, Edmund Stoiber

“德国人民”

Als ich zum ersten Mal zum deutschen Reichstag kam, war ich sehr von seiner Fassade mit der Inschrift „DEM DEUTSCHEN VOLKE“ fasziniert. In Guangzhou kann man oft „Dienst für das Volk“ in Behördengebäuden, wie Polizei und Universitäten lesen, aber auch auf öffentlichen Plätzen oder sogar auf Kleidern und Taschen. Das Interessante daran ist, dass auch „Dem Deutschen Volke“ nur noch als Slogan funktioniert. Es hat keine Bedeutung und erfüllt keine Funktion mehr. Ich habe erfahren, dass damals der deutsche Kaiser diese Inschrift dem Parlament zum Geschenk gab. Ich erfand Varianten.

Flash - Animation

Zhu Minguang

我第一次来到德国国会就对它上面写着的“为德意志人民”几个字非常感兴趣，因为在广州同样可以看到类似的几个字——“为人民服务”，不单在政府机关，而且在大学和一些社区中也能看到，甚至它只是被当作一种图案印在书包或衣服上。有趣的是，在德国这句话同样只成了一句口号，而不具有实质性的意义和作用。后来了解到德国国会上的这几个字是以前的德国皇帝送给国会的，他在其中玩了个文字游戏，就是这句话中的最后一个字在德语语法中可以指德国的任何东西，如德国的男人，有钱人或小孩等。所以，这一点成了作品的主要出发点，“为德意志人民”已经不具有任何意义。

稳固的国会下来去匆匆的游客，无论他们是否是德国人，他们来这里的目的只是为了拍一张照片和观赏国会顶上的玻璃圆拱，没有人会在意上面写着什么字，国会只成了一个热门的旅游景点。“为德意志人民”这几个字在人们心中已不具有任何意义，也不会对人们产生任何影响。

数码动画

朱敏光

德意志的男人

Dem deutschen Mann

德意志的大学生们

Dem deutschen Studenten

老教师

Dem alten Lehrer

为美国艺术家

Für amerikanische Künstler

亲爱的孩子

Dem lieben Kind

辛勤工人

Demfleißigen Arbeiter

为发骚的猫们

Für heiße Katzen

为德国失业者们

Für deutsche Arbeitslose

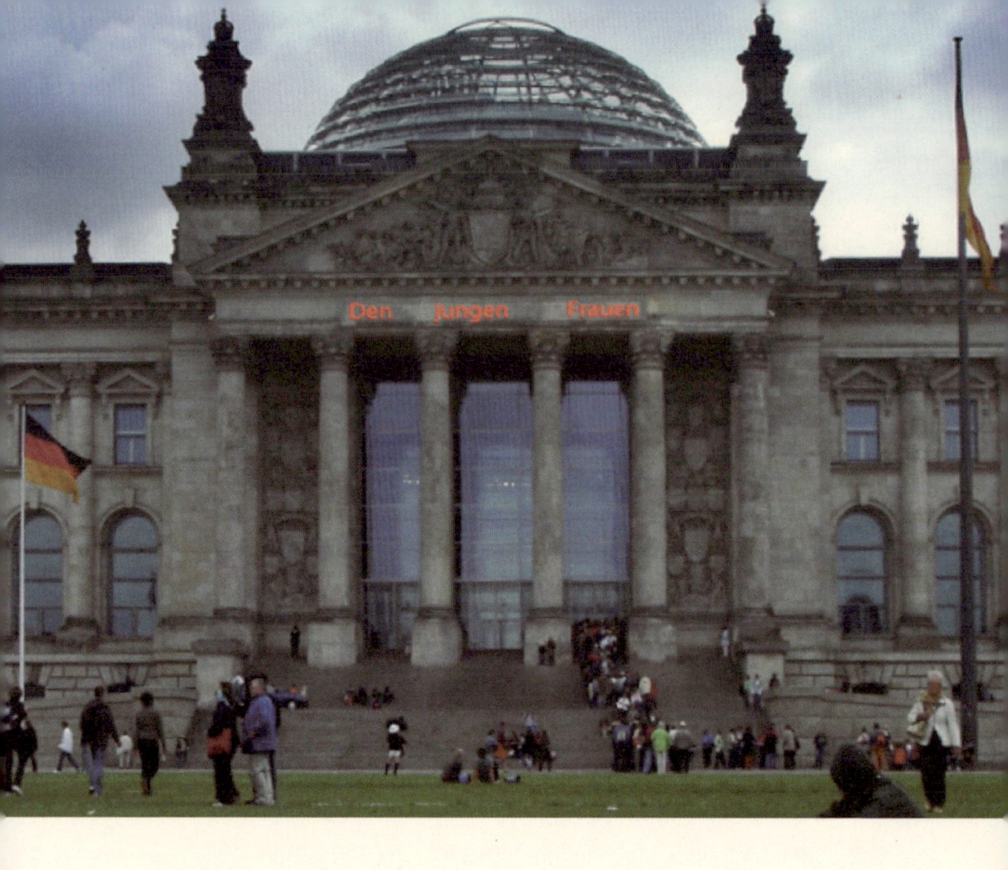

少女们

Den jungen Frauen

为德国的狗

Für deutsche Hunde

为孤独的心

Für einsame Herzen

德国手机

Dem deutschen Handy

德国的猫

Dem deutschen Kater

为吝啬的富翁

Für geizige Reiche

美军

Der US Armee

肥胖啤酒肚

Dem fetten Bierbauch

为胜利

Für den Sieg

德国失业者们

Den deutschen Arbeitslosen

为很酷的烟鬼

Für coole Raucher

为德国广告

Für deutsche Werbung

可怜的穷人

Den armen Armen

这间客栈是位于新克尔恩区不起眼处的一座物美价廉的旅店（(www.l32.de/lotel)。老板娘叫“Marylou”，她将那儿整座前院的住宅，以部分租借、部分自己所有、部分购买的方式经营成为一座艺术酒店，客人在此就像住集体公寓一般。每间客房都由不同的艺术家所设计。不仅其结果，而且它所经历的漫长暗淡之路都被作为我们制做和设计这本书的原由与主题。

这本书包括了采访，文字记录和房间以及项目合作人丰富的图片。排版与编辑次序展现了酒店的建设，项目组织与建筑设计营造过程，我们选择以两种纸张，一种图片纸张针对相片版面，另外一种纸张则以两种不同的颜色作为文字部分的选用纸张。这本书是双语，德语部分使用蓝灰色纸张而英语则使用玫瑰色纸张。

书籍

玛瑞司·汶克

莉娜·潘兹劳

Das Lotel ist ein billiges, tolles Hotel im Stadtteil Neukölln (www.l32.de/lotel) in einer der leersten, entlegensten, toten, elendsten Ecken. Marylou, so heisst die Betreiberin, hat dort ein ganzes Vorderhaus, teils gemietet, teils besetzt, teils gekauft und führt dort einen Kunsthotelbetrieb. Der Gast wohnt in Wohngemeinschaften untergebracht, deren Zimmer von Künstlern gestaltet sind.

Nicht nur das Ergebnis, sondern auch der lange weniger bunte Weg dorthin ist Thema des von uns herausgegebenen und gestalteten Buches.

Layout und Anordnung der Beiträge entsprechen dem Aufbau des Lotel, organisatorisch wie achitektonisch. Zwei Papiere, eins davon ein Bilderdruckpapier ausschließlich für den Fotodruck, das andere in zwei unterschiedlichen Farben für die Texte. Zweisprachig, Deutsch auf blaugrau und Englisch auf rosa Papier.

Ein Buch

Marius Wenker und Lena Panzlau

Interview Marylou

Wieso ein Flamingo Beach in Neukölln und wie bist Du auf den Namen Lotel gekommen?

Ich hab ich ein Buch gelesen, wo es hieß "sie waren an der Küste... und gingen ins Flamingo Beach Hote und da ich so ne Kitschtante bin, war der Titel sofor klar. Und dass dieser „Flamingo Beach" dann in Neu kölln sein soll, war dann genau so ein Kontrast wie i ihn mag!

Es blieb bei Flamingo Beach, weil ich bin kein „Hotel und über die Kategoriesuche bei den Ämtern, kam i dann von ursprünglich Hostel auf „Beherbergungs-betrieb", aber weil der Klang „Hotel" schöner ist und wir hier im Hinterhaus der Verein „L 32" sind, und noch im Zusammenhang mit „Low Budget", kam es zum Titel „Lotel". Dass der Verein, zu dem ich ja auc gehöre, so auch noch mit in den Titel kam, ist super, weil es einen starken Zusammenhang mit dem Vere gab, gibt und geben wird und die Lotel- Gäste einen direkten Anschluss an den Kreativpool und die Veran staltungen drüben haben sollen.

Dass Flamingo Beach nach einem Puff klingen könnte, und die zwei sich küssenden Flamingos im Logo dazu noch beitragen, darüber habe ich nie nach gedacht. (sie lacht)

Du bist 26 und hast kein Geld, Wie kommt man plötzlich auf die Idee ein Wohnhaus mit 15 Wohnungen zu einem Hotelbetrieb umzugestalten?

laoreet dolore magna. pat. Ut wisi enim ad minim veniam

Lorem ipsum dolor sit amet, consectetuer adipiscing elit, sed diam nonummy nibh euismod tincidunt ut laoreet dolore magna aliquam erat volutpat. Ut wisi enim ad minim veniam, quis nostrud exerci tation ullamcorper suscipit lobortis nisl ut aliquip ex ea commodo consequat. Duis autem vel eum iriure dolor in hendrerit in vulputate velit esse molestie consequat, vel illum dolore eu feugiat nulla facilisis at vero et accumsan et iusto odio dignissim qui blandit praesent luptatum zzril delenit augue duis dolore te feugait nulla facilisi. Lorem ipsum dolor sit amet, consectetuer adipiscing elit, sed diam nonummy nibh euismod tincidunt ut laoreet dolore magna aliquam erat volutpat

Magna am irilla feugiam ing exer sis nulla

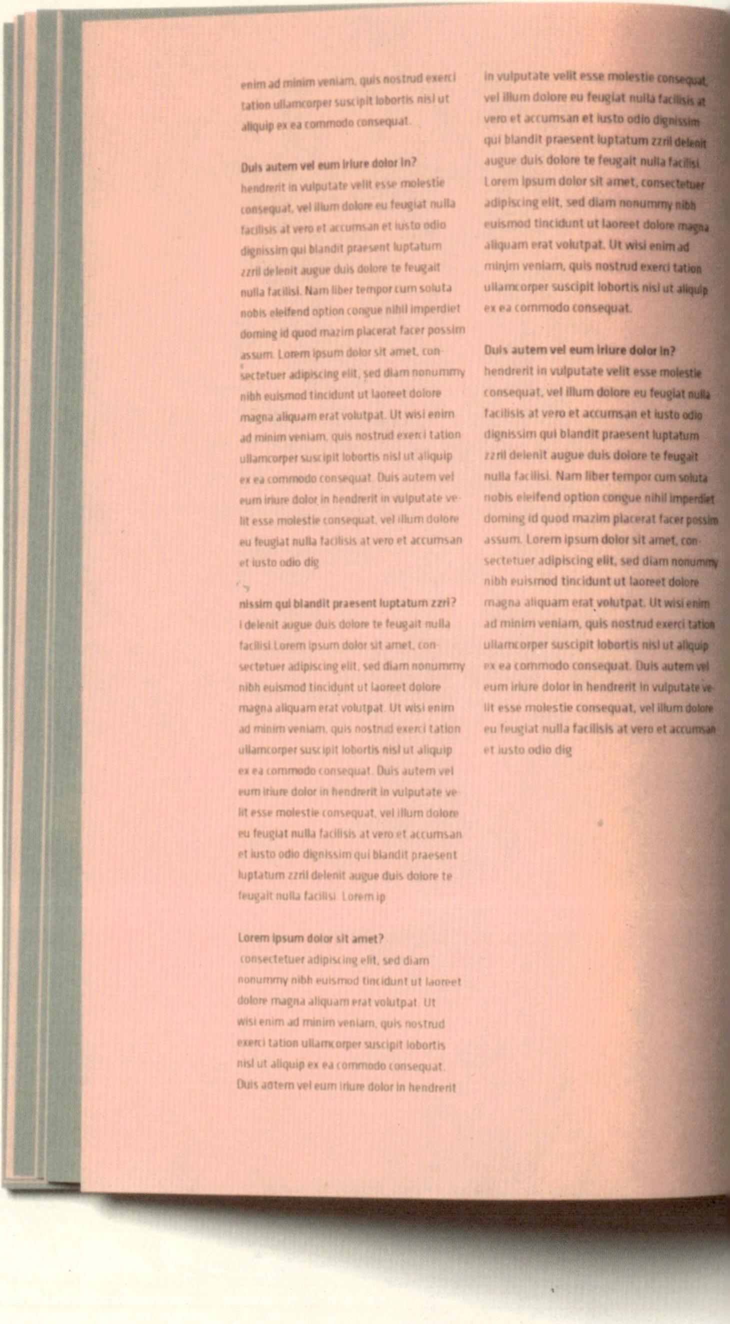

enim ad minim veniam, quis nostrud exerci tation ullamcorper suscipit lobortis nisl ut aliquip ex ea commodo consequat.

Duis autem vel eum iriure dolor in?
hendrerit in vulputate velit esse molestie consequat, vel illum dolore eu feugiat nulla facilisis at vero et accumsan et iusto odio dignissim qui blandit praesent luptatum zzril delenit augue duis dolore te feugait nulla facilisi. Nam liber tempor cum soluta nobis eleifend option congue nihil imperdiet doming id quod mazim placerat facer possim assum. Lorem ipsum dolor sit amet, consectetuer adipiscing elit, sed diam nonummy nibh euismod tincidunt ut laoreet dolore magna aliquam erat volutpat. Ut wisi enim ad minim veniam, quis nostrud exerci tation ullamcorper suscipit lobortis nisl ut aliquip ex ea commodo consequat. Duis autem vel eum iriure dolor in hendrerit in vulputate velit esse molestie consequat, vel illum dolore eu feugiat nulla facilisis at vero et accumsan et iusto odio dig

nissim qui blandit praesent luptatum zzri?
l delenit augue duis dolore te feugait nulla facilisi.Lorem ipsum dolor sit amet, consectetuer adipiscing elit, sed diam nonummy nibh euismod tincidunt ut laoreet dolore magna aliquam erat volutpat. Ut wisi enim ad minim veniam, quis nostrud exerci tation ullamcorper suscipit lobortis nisl ut aliquip ex ea commodo consequat. Duis autem vel eum iriure dolor in hendrerit in vulputate velit esse molestie consequat, vel illum dolore eu feugiat nulla facilisis at vero et accumsan et iusto odio dignissim qui blandit praesent luptatum zzril delenit augue duis dolore te feugait nulla facilisi. Lorem ip

Lorem ipsum dolor sit amet?
consectetuer adipiscing elit, sed diam nonummy nibh euismod tincidunt ut laoreet dolore magna aliquam erat volutpat. Ut wisi enim ad minim veniam, quis nostrud exerci tation ullamcorper suscipit lobortis nisl ut aliquip ex ea commodo consequat. Duis autem vel eum iriure dolor in hendrerit in vulputate velit esse molestie consequat, vel illum dolore eu feugiat nulla facilisis at vero et accumsan et iusto odio dignissim qui blandit praesent luptatum zzril delenit augue duis dolore te feugait nulla facilisi. Lorem ipsum dolor sit amet, consectetuer adipiscing elit, sed diam nonummy nibh euismod tincidunt ut laoreet dolore magna aliquam erat volutpat. Ut wisi enim ad minim veniam, quis nostrud exerci tation ullamcorper suscipit lobortis nisl ut aliquip ex ea commodo consequat.

Duis autem vel eum iriure dolor in?
hendrerit in vulputate velit esse molestie consequat, vel illum dolore eu feugiat nulla facilisis at vero et accumsan et iusto odio dignissim qui blandit praesent luptatum zzril delenit augue duis dolore te feugait nulla facilisi. Nam liber tempor cum soluta nobis eleifend option congue nihil imperdiet doming id quod mazim placerat facer possim assum. Lorem ipsum dolor sit amet, consectetuer adipiscing elit, sed diam nonummy nibh euismod tincidunt ut laoreet dolore magna aliquam erat volutpat. Ut wisi enim ad minim veniam, quis nostrud exerci tation ullamcorper suscipit lobortis nisl ut aliquip ex ea commodo consequat. Duis autem vel eum iriure dolor in hendrerit in vulputate velit esse molestie consequat, vel illum dolore eu feugiat nulla facilisis at vero et accumsan et iusto odio dig

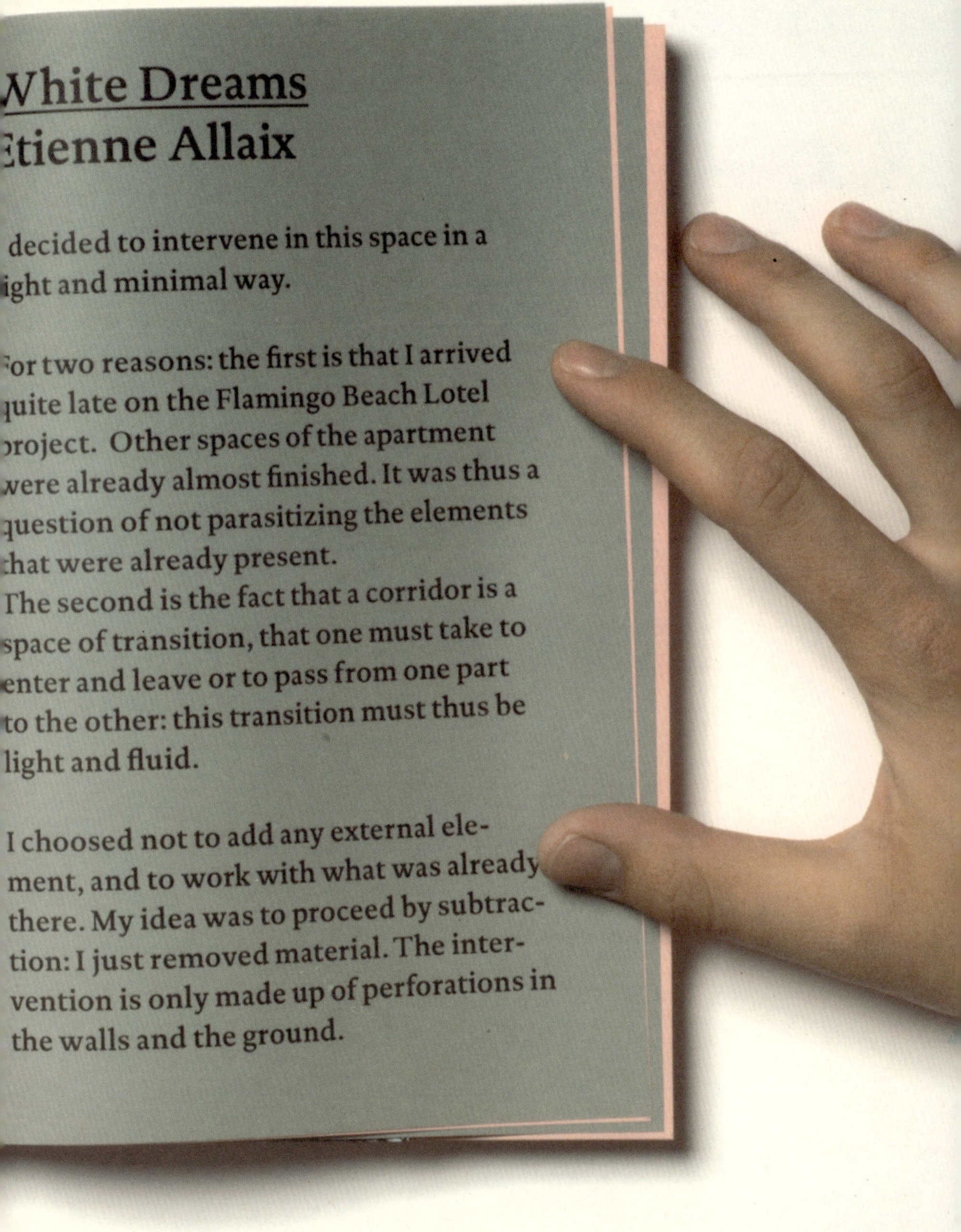

Vhite Dreams
Etienne Allaix

decided to intervene in this space in a
ight and minimal way.

For two reasons: the first is that I arrived
quite late on the Flamingo Beach Lotel
project. Other spaces of the apartment
were already almost finished. It was thus a
question of not parasitizing the elements
that were already present.
The second is the fact that a corridor is a
space of transition, that one must take to
enter and leave or to pass from one part
to the other: this transition must thus be
light and fluid.

I choosed not to add any external ele-
ment, and to work with what was already
there. My idea was to proceed by subtrac-
tion: I just removed material. The inter-
vention is only made up of perforations in
the walls and the ground.

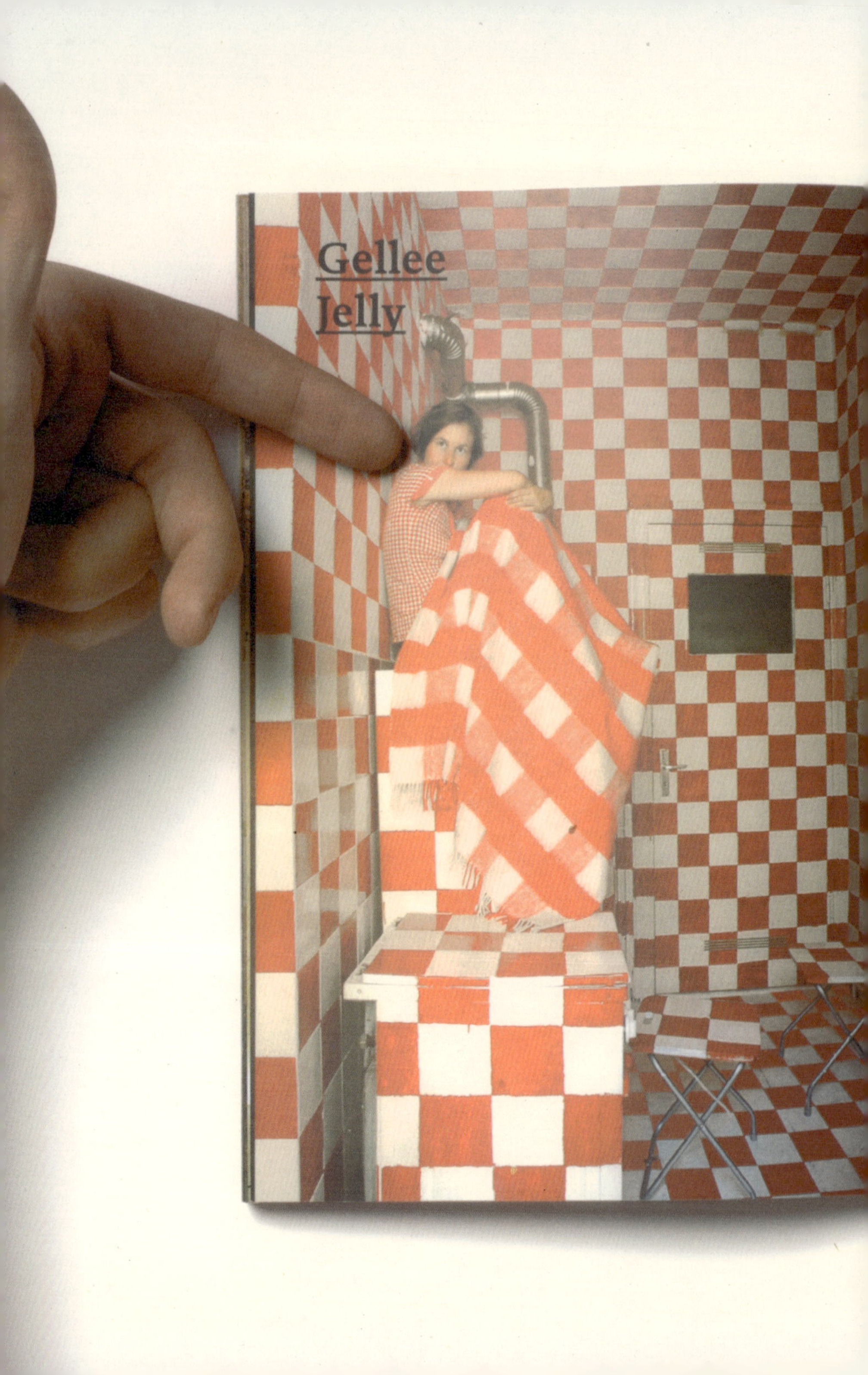
Gellee
Jelly

My Monsters
My monsters
just sleep
my monster

Exit

Rütli
福

Neukölln

einn bisschen in der Kunst zu Hause. Ist ja auch alles sehr unterschiedlich in den Räumen da...ja...hat mit Sympathie zu tun, also einige Sachen finde ich sehr schön.
Ich bin ein musischer Mensch, die find ich nun wirklich wunderbar. Aber auf der anderen Seite ist es mir zu expressiv, ja so ausgeflippt schon für diese Kunst. Ich meine es gibt ja Discotheken wie z.B. das Gogo oder in der Oranienburgerstrasse das Tacheles, das ist alles nicht so mein Ding.

Sie haben da ja auch beim Projekt geholfen, oder?
Kleinigkeiten im Großen und Ganzen, hier eine Lotlampe und hab ihr da mal irgendwas gelötet, jaja... hab ihr öfter auch mal was gespendet, die grünen Gartenstühle z.B. und jetzt hab ich wieder irgendwas. Ich arbeite momentan als Hausmeister in einem Pflegeheim und da wird sehr viel ausrangiert. Und jetzt hab ich schon wieder Lampen und irgendsolche Geschichten.

Ist das hier evtl. der falsche Ort?
Das kann ich nicht beurteilen, ob das der falsche Ort ist. Es gibt überhaupt kein Ort für solche Geschichten, also das muss ich mal dazu sagen, ist ja Quatsch!
Einen Ort kann man ja auch gestalten. Man kann auch den Ort verändern dadurch. Man muss immer Alles ausprobieren und dafür hab ich Verständnis.

Und für sie ist das auch kein Eingriff in diese Gegend hier?
Nein überhaupt nicht. Ich meine, ich hab mich hier zurückgezogen, obwohl mir diese Gegend nicht wirklich gefällt, bin nun zum zweiten Mal geschieden und hab mir gedacht ich such mir eine kleine Wohnung. Eigentlich wollte ich nur ein Provisorium daraus machen und das ist auch noch ein Provisorium, aber das reicht für mich diese kleine Geschichte hier. Ich komm nach Hause und fühl mich wohl.

Ist doch schon irgendwie berlintypisch, dass hier so viele Projekte gestartet werden, oder?
Oh ja, da gibts viele Projekt und teilweise werden sie unterstützt vom Senat.
Wenn sie dann mal Kontakt gehabt haben und die Herren dort oben mal ein bisschen grünes Licht gegeben haben, dann gabs auch mal ein bisschen Geld.

Berlin wurde nach dem Zusammenbruch des Naziregimes von den Alliierten Besatzermächten (USA, UdSSR, Großbrittannien, Frankreich) regiert. (Vier-Mächte-Status). Mit Beginn des kalten Krieges wurde die Stadt dann zum Zankapfel zwischen der Sowjetunion und den USA. So wurde auf eine seltsame Art politisch Schach gespielt.

Audiovisuelle Animation

Jiang Jianwu

在纳粹暴权土崩瓦解之后，柏林被美国、英国、法国、前苏联划为四个区占领，在冷战开始后再次将这座城市推向祸端，本片意以象征手法表现美国、前苏联两大集团控制柏林。
德国人民——棋子
美国、苏联两大集团——手
人的贪欲——棋局

数码动画

江建武

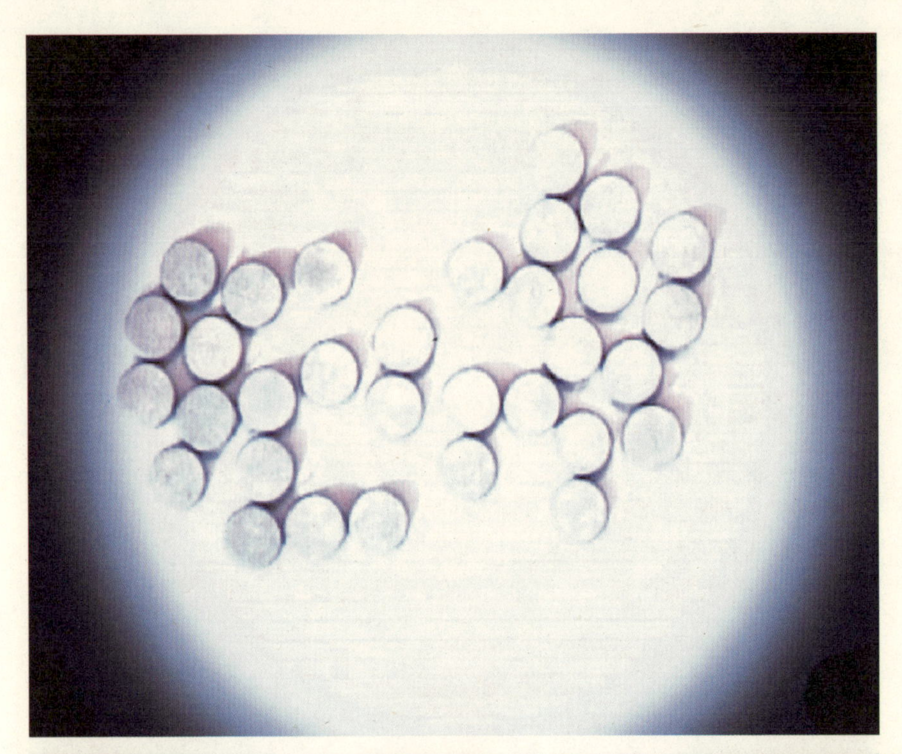
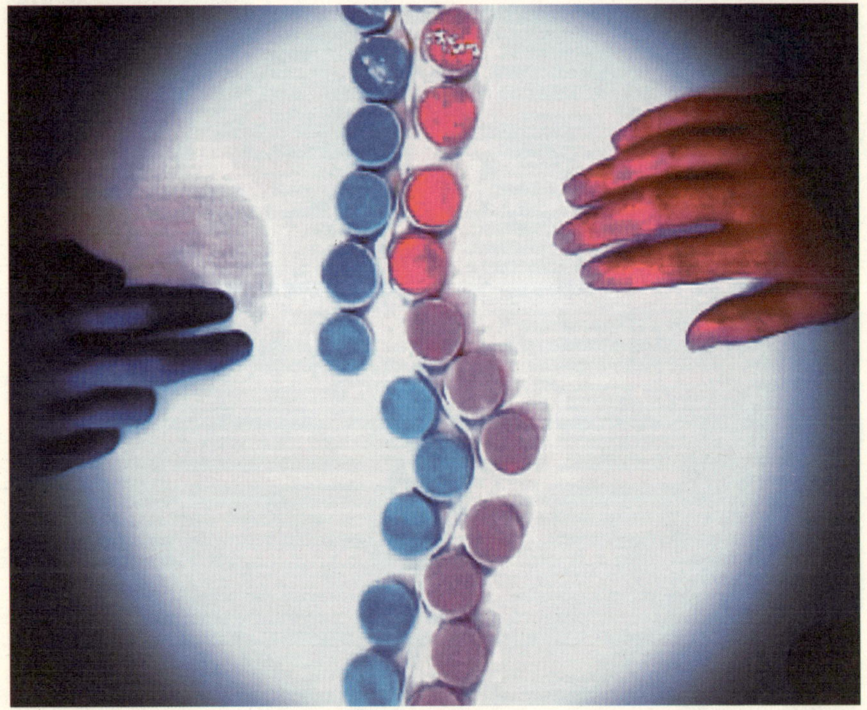

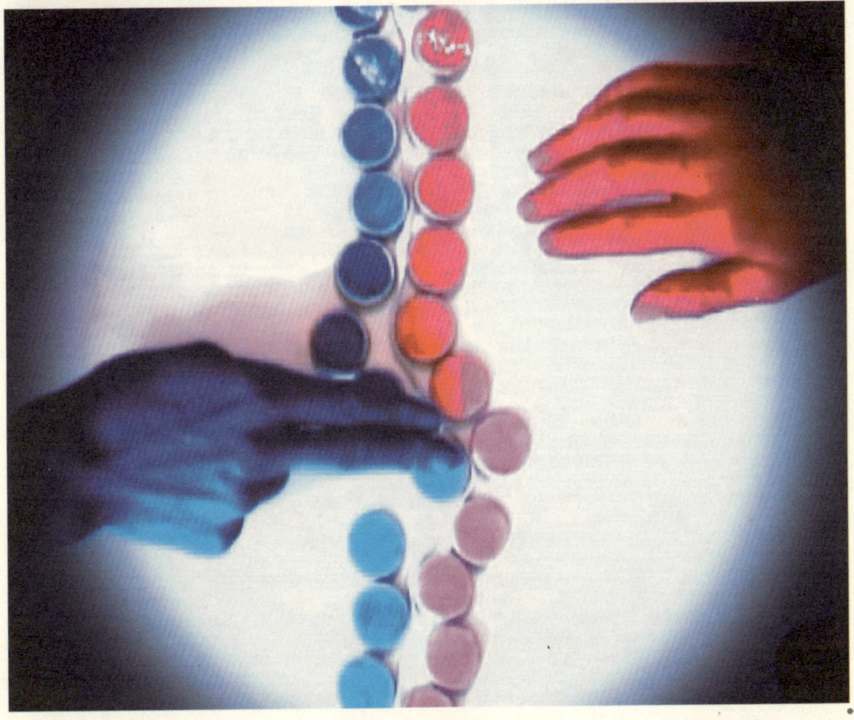

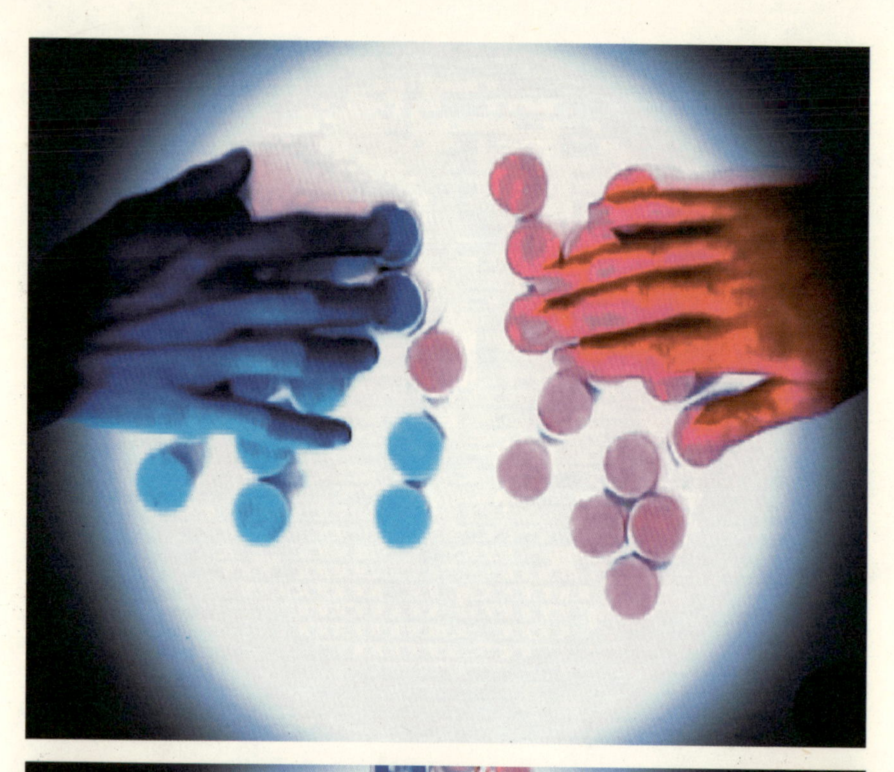

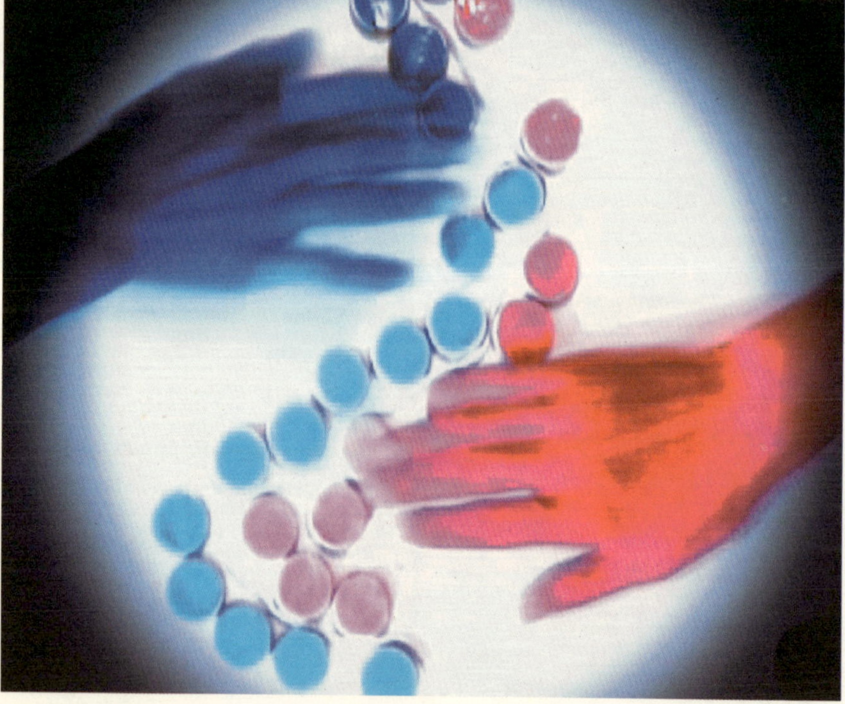

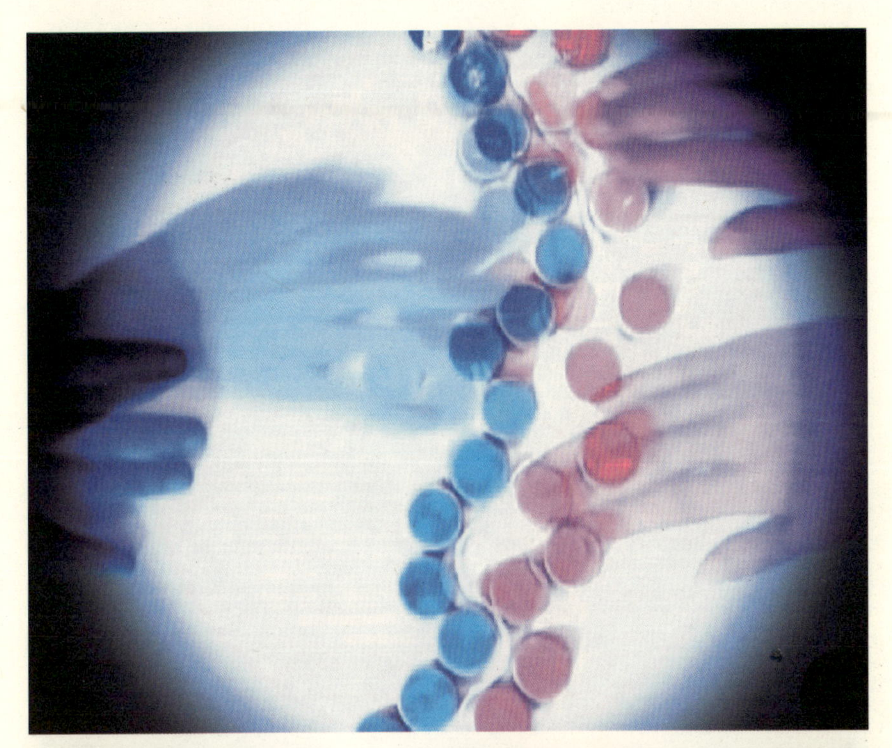

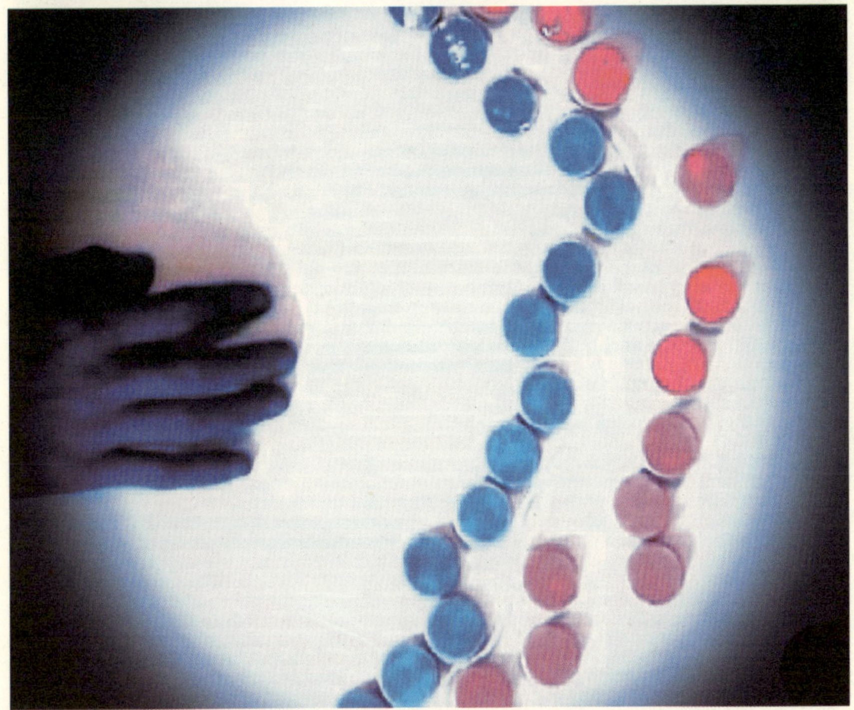

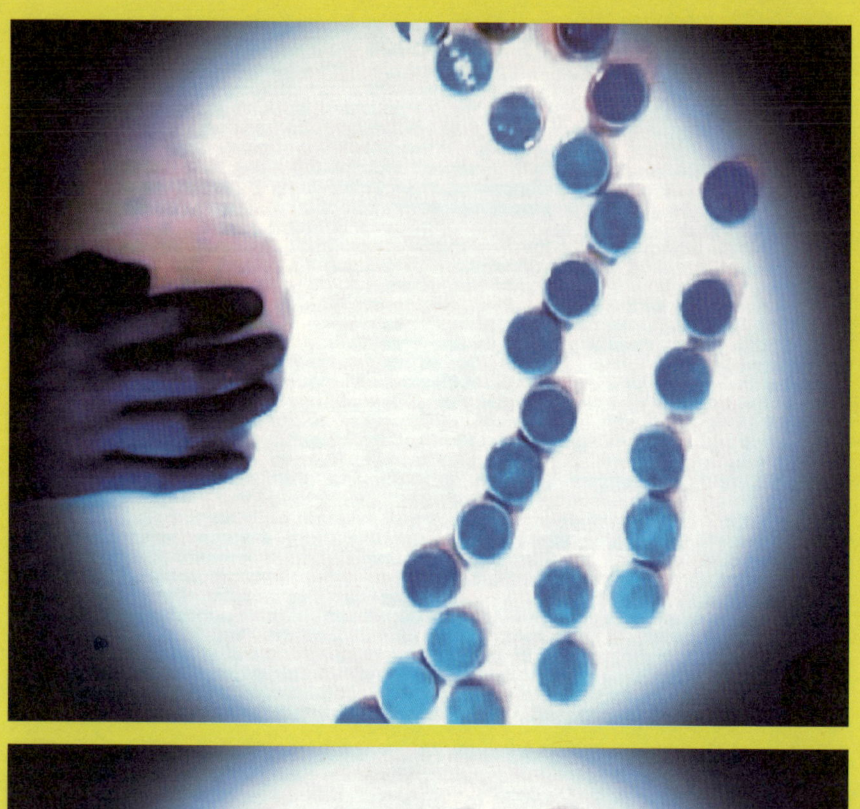

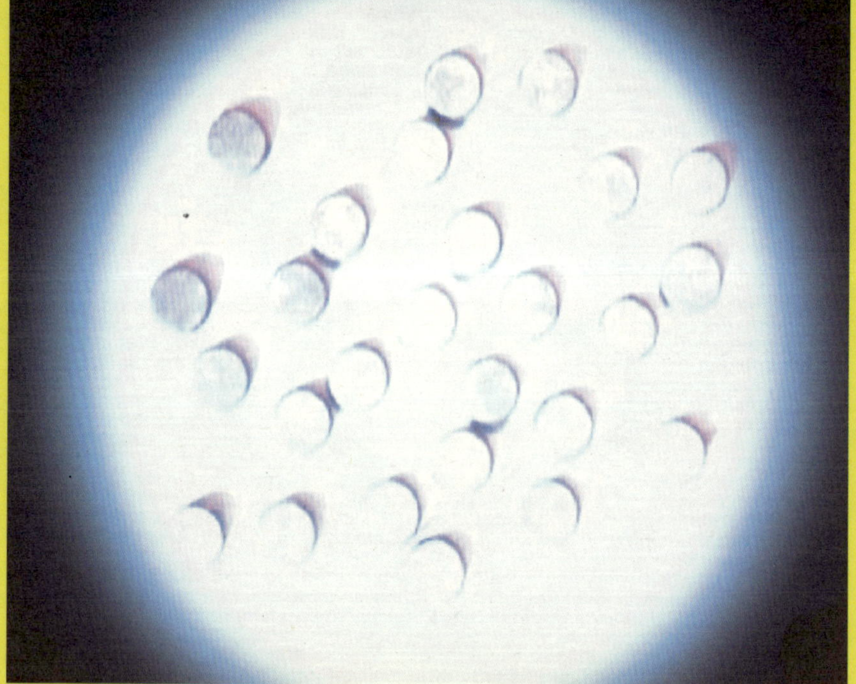

„Mutant cities" hat den deutschen und chinesischen Studierenden auch die Möglichkeit gegeben, die respektiven Ausbildungssysteme zu vergleichen, Fragen nach zukunftsgerechten Methoden der Wissensaneignung zu stellen: Steht vor der Fähigkeit zu kreativer visueller Kommunikation und dem Recht zu eigenen Sichtweisen das Training und handwerkliche Beherrschen technischer -klassischer wie digitaler- Ausdrucksmöglichkeiten und Medien? Oder ist es nicht produktiver, relevante Problemstellungen aus den Bereichen der zwischenmenschlichen Verständigung (Kommunikaton) von Anfang an ins Zentrum der Unterrichtsprogramme zu stellen- ohne dabei die Vermittlung von Technik zu vernachlässigen?

Visuelle Kommunikation kann Werbung sein. Publicity oder Propaganda, die eigentlich das gleiche bedeuten: für ein materielles oder ideelles „Produkt" einzunehmen. Zur Kaufentscheidung. Zum „Partei ergreifen". Poesie, Fiktion, der Comic-strip wie das „gute Buch", der Schmöker , die Schulbücher, Websites oder TV-Sendungen und Filme gehören zur „visuellen Kommunikation" genauso wie das Wegleitesytem im Krankenhaus oder das Corporate für ein Unternehmen...

Ob diese „visuelle Kommunikation" gut oder missraten ist, darüber entscheidet nicht nur das gestalterische Talent des Designers (des Filmemachers, des Szenographen...). Vor der Gestaltung steht die intuitive Und/oder analytische Beschäftigung mit Inhalten.

Im Fall von „mutant cities" haben die Studierenden und die Lehrer (Chinesen wie Deutsche) diese Inhalte in ihren Köpfen, im Internet, in Büchern und auf den Straßen von Berlin und Gouangzhou gesucht.

Alex Jordan, Chen Xiaoqing

课题“城市突变”为德国和中国的学生们提供了一次对于双方现有教育体系进行比较的难得机会，并且也带出了关于今后教学模式的思考。

在设计教学中，到底应该侧重于制作的技能训练、数字化表现、媒体技术应用型的学院式训练，还是应该针对媒体信息传达方面的创意能力以及学生独立思考的学习能力?

也许在教学初期就应将人与人之间信息传达的重要问题设置为教学的核心，同时借助新媒体技术手段，清楚有效的传达信息内容。这样做是否会让教学更有成效呢?

信息的传达可以是广告、公关或政治宣传，其实这就同样意味着最终作为一个物化的或理念上的“产品”。这也包括了影响由购买决定到政治倾向的一切事物，如诗集、小说、漫画书、休闲书籍、教科书、网页或电视频道与电影，这些都属于“信息传达”，当然也包括了那些在医院或企业中的指引系统。而这些“信息传达设计”到底是否优秀，不仅仅与设计人员（包括电影制作人员、舞美设计人员……）的设计能力有关，进入设计前对主题内容的直觉敏感（对内容的个人思考），以及分析工作起了更主要的作用。

在这次“城市突变”课题中的师生（中方与德方一样）对于这个主题思考，必将都深深地印在他们的脑海中，并且延续于网络上、书籍中，以及那些他们曾调研过的柏林与广州的大街上。

亚历克斯·姚尔丹（德） 陈小清（中）

2008年5月6日